绿色水运环境管理与实践

张 乾 刘 殊 宣 昊 孙 捷 等/编著

中国环境出版集团·北京

图书在版编目（CIP）数据

绿色水运环境管理与实践/张乾等编著. —北京：中国
环境出版集团，2023.5
ISBN 978-7-5111-5492-7

Ⅰ. ①绿… Ⅱ. ①张… Ⅲ. ①水路运输—环境管
理—研究—中国 Ⅳ. ①X143

中国国家版本馆 CIP 数据核字（2023）第 063984 号

出 版 人 武德凯
责任编辑 李兰兰
封面设计 宋 瑞

出版发行 中国环境出版集团
　　　　　（100062 北京市东城区广渠门内大街 16 号）
　　　　　网　　址：http://www.cesp.com.cn
　　　　　电子邮箱：bjgl@cesp.com.cn
　　　　　联系电话：010-67112765（编辑管理部）
　　　　　　　　　　010-67112735（第一分社）
　　　　　发行热线：010-67125803，010-67113405（传真）
印　　刷 北京鑫益晖印刷有限公司
经　　销 各地新华书店
版　　次 2023 年 5 月第 1 版
印　　次 2023 年 5 月第 1 次印刷
开　　本 787×1092　1/16
印　　张 12.5 插页 16
字　　数 250 千字
定　　价 65.00 元

前　言

　　践行绿色低碳发展是贯彻落实习近平生态文明思想的重要体现，也是实现碳达峰、碳中和目标的唯一途径。近年来，我国出台了一系列有关交通行业绿色低碳发展的政策文件。中共中央、国务院于2019年发布的《交通强国建设纲要》以及于2021年发布的《国家综合立体交通网规划纲要》及《中共中央　国务院关于深入打好污染防治攻坚战的意见》等，分别明确提出"绿色发展节约集约、低碳环保"、"加快推进绿色低碳发展""加快推动绿色低碳发展"等要求；于2021年印发的《2030年前碳达峰行动方案》提出将"交通运输绿色低碳行动"列入重点任务的"碳达峰十大行动"。

　　水运行业是我国综合交通运输系统的重要组成部分，也是实施污染防治、生态保护和碳减排的重点领域，在国家生态文明建设和可持续发展的要求下，推动行业绿色低碳发展显得尤为迫切。近年来，在国家政策和环评管理、环境监管推动下，水运行业在污染防治、生态保护等关键措施、环境管理水平等方面取得了明显进步，但与绿色低碳发展的任务目标尚存在一定差距。为深入贯彻落实习近平生态文明思想，落实水运行业绿色低碳发展要求，基于编著者多年的现场调研、资料收集和研究工作，本书系统梳理了我国水运行业相关的环境管理政策、污染防治和生态保护关键技术以及绿色港口、生态航道建设的典型案例，对存在的问题进行了剖析，并提出了对策建议，期望能够促进水运行业交流探讨，为从事水运行业环保相关工作的单位以及港口、航道建设运营单位提供一定参考。

全书由张乾统稿，第 1 章概述由张乾撰写，第 2 章国内外环境管理政策由孙捷、郝杰华、崔艺潇撰写，第 3 章污染防治与生态保护措施由宣昊、刘殊、张乾、宋鹭、井亮撰写，第 4 章绿色港口建设由宣昊、刘殊、赵鲁华撰写，第 5 章生态航道建设由孔子科、张良金撰写。

在本书编撰过程中，充分集成了国家重点研发计划项目"我国近海典型外来生物入侵灾害风险防控技术和装备研发"以及生态环境部部门预算项目"绿色港口环评管理政策研究""干散货码头建设项目环评管理政策研究""涉及自然保护区的开放水域航道建设项目环评管理政策研究""水运行业项目环境保护措施的现状、存在问题以及对策建议研究""水运行业环评管理政策及事中事后监管研究"等多个课题的研究成果，咨询了业内多位权威专家，在调研过程中得到了相关港口集团公司、长江航道局的大力支持，在此一并表示感谢。

因工作经验和知识领域的局限，书中还存在许多不足之处，旨在抛砖引玉，不当之处恳请广大读者批评指正。

编著者

2023 年 5 月

目　录

第1章

概　述

1.1　水运行业的发展现状及趋势

1.1.1　港口

1.1.1.1　主要港口货物吞吐量情况

港口行业经过多年发展，全国已基本形成环渤海、长江三角洲、东南沿海、珠江三角洲、西南沿海等 5 个沿海规模化港口群及内河港口群，包括 24 个沿海港口和 28 个内河港口。

根据《2021 年交通运输行业发展统计公报》等，2010—2021 年，全年全国港口完成货物吞吐量由 89.32 亿 t 持续增长至 155.45 亿 t（增长 74%），多年位居世界第一，每年增速达 2.5%～12.4%。

2021 年，全国港口完成货物吞吐量达 155.45 亿 t，同比增长 6.8%，其中沿海、内河港口货物吞吐量分别为 99.73 亿 t（同比增长 5.2%）和 55.73 亿 t（同比增长 9.9%）。近年来，长江等内河港口增速明显高于沿海。"十二五"时期以来全国港口货物吞吐量变化情况见表 1-1。

我国大型港口规模不断增加，世界港口吞吐量排名前 10 中，我国占据 8 席，吞吐量超过 2 亿 t 的港口达 24 个，其中宁波-舟山港 2021 年吞吐量最高，达 12.24 亿 t。"十四五"时期，港口基础设施仍将实现中低速发展。

表 1-1 "十二五"时期以来全国港口货物吞吐量变化情况

年份	沿海港口		内河港口		合计	
	货物吞吐量/亿 t	增速/%	货物吞吐量/亿 t	增速/%	货物吞吐量/亿 t	增速/%
2011	63.6	12.7	36.81	11.9	100.41	12.4
2012	68.8	8.2	38.96	5.8	107.76	7.3
2013	75.61	9.9	42.06	7.9	117.67	9.2
2014	80.33	6.2	44.19	5.1	124.52	5.8
2015	81.47	1.4	46.03	4.2	127.50	2.4
2016	84.55	3.8	47.46	3.1	132.01	3.5
2017	90.57	7.1	49.50	4.3	140.07	6.1
2018	94.63	4.5	48.88	−1.3	143.51	2.5
2019	91.88	4.3	47.63	9.0	139.51	5.7[*]
2020	94.80	3.2	50.70	6.4	145.50	4.3
2021	99.73	5.2	55.73	9.9	155.45	6.8

注：* 根据交通运输部发布的《2019 年交通运输行业发展统计公报》，2019 年起对港口统计范围进行了调整，由规模以上港口调整为全国所有港口，数据与上年比按可比口径计算。

1.1.1.2 港口主要运输货类吞吐量

截至 2021 年年底，全国港口"四大货类"——煤炭及制品、金属矿石、石油和天然气及制品、集装箱的吞吐量分别为 28.31 亿 t、23.99 亿 t、13.16 亿 t、2.83 亿标箱，同比分别增长 10.8%、2.5%、0.5%、7.0%，在受新冠疫情影响的情况下仍保持一定增长（见表 1-2）。港口转运煤炭、铁矿石会产生大量粉尘，转运原油及制品会产生大量挥发性有机物，并增加船舶和储罐溢油风险，增加港口污染防治和风险应对压力。

表 1-2 2021 年全国港口"四大货类"吞吐量及增长情况

"四大货类"	2021 年吞吐量	2021 年同比增长
煤炭及制品	28.31 亿 t	10.8%
金属矿石	23.99 亿 t	2.5%
石油和天然气及制品	13.16 亿 t	0.5%
集装箱	2.83 亿标箱	7.0%

1.1.1.3　泊位大型化和专业化发展现状

"十二五"时期以来，全国港口生产用码头泊位数量大幅减少，截至 2021 年年底，全国港口生产用码头泊位 20 867 个，较"十二五"时期末减少 10 392 个（减少 33.2%），同比减少 1 275 个。受非法码头关停和老旧码头整治影响，近年来内河码头泊位减少数量明显多于沿海。

截至 2021 年年底，港口万吨级及以上泊位达 2 659 个，占全国泊位总数的 12.7%（同比增加 1 个百分点），同比增加 67 个（沿海增加 69 个、内河减少 2 个），较"十二五"时期末增加 438 个，新增泊位主要为 5 万 t 级及以上泊位（见表 1-3）。

表 1-3　2021 年年底全国港口万吨级及以上泊位数量　　单位：个

泊位吨级	全国港口		沿海港口		内河港口	
	泊位数量	同比增加	泊位数量	同比增加	泊位数量	同比增加
合计	2 659	67	2 207	69	452	−2
1 万～3 万 t 级（不含 3 万）	875	10	687	15	188	−5
3 万～5 万 t 级（不含 5 万）	447	10	321	8	126	2
5 万～10 万 t 级（不含 10 万）	874	24	748	23	126	1
10 万 t 级及以上	463	23	451	23	12	0

港口专业化万吨级及以上泊位 1 427 个，同比增加 56 个，较"十二五"时期末增加 250 个，增加较多的为液体化工专业化泊位。泊位大型化和专业化的发展趋势，有利于集中布局，节约岸线资源，提高装卸工艺水平，从源头上减少污染物产生量（见表 1-4）。

表 1-4　2021 年年底全国万吨级及以上泊位构成　　　　　　单位：个

泊位用途	2021 年	2020 年	2019 年	2021 年同比增加
通用散货泊位	596	592	559	4
通用件杂货泊位	421	415	403	6
专业化泊位	1 427	1 371	1 332	56
其中：集装箱泊位	361	354	352	7
煤炭泊位	272	265	256	7
金属矿石泊位	85	85	84	0
原油泊位	93	87	85	6
成品油泊位	146	147	143	−1
液体化工泊位	270	239	226	31
散装粮食泊位	38	39	39	−1

1.1.2　内河航道

1.1.2.1　内河航道布局

我国航道布局已经形成"两横一纵两网十八线"的网络布局。"两横"指长江干线和西江航运干线，"一纵"指京杭运河，"两网"指长江三角洲高等级航道网和珠江三角洲高等级航道网，"十八线"指长江水系 10 条支流航道（岷江、嘉陵江、乌江、湘江、沅水、汉江、江汉运河、赣江、信江、合裕线）、珠江水系 3 条支流航道（右江、北盘江—红水河、柳江—黔江）、淮河航道、沙颍河航道、黑龙江航道、松花江航道、闽江航道。其中，长江干线已成为世界上水运最为繁忙和运输量最大的航道；珠江水系的西江航运干线已成为沟通西南地区与粤港澳地区的重要纽带；京杭运河已成为我国"北煤南运"的水上运输大动脉，其内河航道网已成为区域综合运输体系的重要组成部分。

1.1.2.2　内河航道规模

2021 年年末全国内河航道通航里程 12.76 万 km，比上年年末减少 43 km。等级航道通航里程 6.72 万 km，约占总里程的 52.7%，其中三级及以上航道通航里程 1.45 万 km，约占总里程的 11.4%。

各等级内河航道通航里程：一级航道 2 106 km，二级航道 4 069 km，三级航道 8 348 km，四级航道 11 284 km，五级航道 7 602 km，六级航道 16 849 km，七级航道 16 946 km。等外航道 6.04 万 km。

各水系内河航道通航里程：长江水系 64 668 km，珠江水系 16 789 km，黄河水系 3 533 km，黑龙江水系 8 211 km，京杭运河 1 423 km，闽江水系 1 973 km，淮河水系 17 500 km。

1.1.2.3　内河航道运输量

2021 年全年完成营业性货运量 82.40 亿 t，比上年增长 8.2%；完成货物周转量 115 577.51 亿 t·km，比上年增长 9.2%。其中，内河货运量 41.89 亿 t、增长 9.8%，内河货物周转量 17 735.99 亿 t·km、增长 11.3%；海洋货运量 40.51 亿 t、增长 6.6%，海洋货物周转量 97 841.51 亿 t·km、增长 8.8%。

1.1.3　发展规划

2022 年 1 月，交通运输部印发了《水运"十四五"发展规划》（交规划发〔2022〕99 号，以下简称《规划》）。《规划》提出，"十三五"时期水运基础设施建设取得新进展，新增沿海港口万吨级以上泊位 369 个，2020 年年底达到 2 576 个；新增及改善内河航道通航里程 5 000 km，其中新增高等级航道 2 600 km，2020 年年底全国内河航道通航里程达 12.8 万 km，其中高等级航道 16.1 万 km。此外，《规划》中也提到了行业发展还存在一些短板，包括原布局规划的国家高等级航道尚有约 3 000 km 未达标；绿色发展水平有待提升，海域、岸线资源集约节约利用仍需加强，岸电、LNG 等清洁能源应用需进一步推广。

《规划》提出 2020 年我国水路货运量 76 亿 t、港口货物吞吐量 146 亿 t，预测 2025 年水路货运量、港口货物吞吐量分别达到 85 亿 t、164 亿 t。根据上述数据分析，"十四五"时期水路货运量、港口货物吞吐量增长率分别为 11.8%、12.3%。从《规划》预测的增速情况看，内河港口仍保持一定增速，但沿海港口增速明显较低。《规划》提出了"十四五"时期水运发展主要指标，包括新增及改善内河航道里程 5 000 km 左右，其中新增国家高等级航道 2 500 km 左右；沿海大型专业化码头通过能力适应度大于 1.1；沿海主要港口铁路进港率达到 90% 以上，集装箱铁水联运量年均增长 15%（见表 1-5）。

表 1-5 "十四五"时期水运发展主要指标

指 标	2020 年	2025 年	增 长
新增及改善内河航道里程/km	—	—	5 000 左右
#新增国家高等级航道/km	—	—	2 500 左右
沿海大型专业化码头通过能力适应度	>1.0	>1.1	—
沿海主要港口铁路进港率/%	>90		—
集装箱铁水联运量年均增长率/%	15		—

《规划》在其"重点任务"中提到：

一是要集中攻坚，重点建设高等级航道。加快长江干线、西江航运干线、京杭运河等大通道扩能升级，推动高等级航道未达标段攻坚，重点支持国家高等级航道（含通航设施）建设，兼顾其他航道（含通航设施）、航道枢纽、公共锚地、中西部地区库湖区便民交通码头建设。其中针对加快水运大通道扩能升级，提出长江干线上游积极推进宜宾至重庆段重点碍航水道整治、重庆至宜昌段 4.5 m 水深航道建设；中游有序推进宜昌至武汉段航道整治；下游稳步实施安庆至南京段重点航道整治，进一步改善南京以下 12.5 m 深水航道条件等。

二是要强基优能，打造高能级港口枢纽。在建设高水平港口设施中提出，要推进天津、青岛、上海、苏州、宁波舟山、深圳、广州等集装箱干线港以及北部湾、东莞、洋浦等港口集装箱码头工程建设；建设黄骅、日照、宁波舟山、北部湾等港口大型铁矿石接卸码头，实施营口、烟台、青岛、日照、连云港、宁波舟山、厦门、揭阳等港口大型原油码头工程，有序推进 LNG 码头建设；重点推进天津、日照、南通、洋山、宁波舟山、深圳、广州、北部湾、洋浦等沿海港口重要港区进出港航道、防波堤、锚地建设。

三是要统筹融合，推动联运高质量发展。提出要大力发展铁水联运、水水中转，推进主要港口进港铁路建设，重点实施唐山京唐、天津东疆、青岛董家口、上海外高桥、苏州太仓、深圳盐田等枢纽性港区进港铁路支线及"最后一公里"建设工程。继续推进港口集疏运"公转铁"，加快发展集装箱、铁矿石、煤炭、钢铁等货类铁水联运。

四是要巩固提升，推进绿色平安新发展。提出要加强资源集约节约利用，持续深入推进港口船舶污染防治，构建清洁低碳的港口船舶能源体系，推进水运绿色发展。包括引导小散乱码头集中归并或升级改造，推进水运设施生态保护和修复；推进长江干线等重点航道化学品洗舱站、危险化学品锚地、船舶污染物接收等设施建设和常态化运行；推动建立港口和船舶污染物排放的部门联合监管机制；促进岸电设施常态化使用，推广港口先进节能环保技术应用。

五是要深化改革，提升管理能力与水平。提出要稳步推进全国港口与航道布局规划研究和编制工作，优化港口与航道布局方案。与国土空间规划充分衔接，在"多规合一"基础上，抓好各级各类港口空间规划和航道规划的编制与管理，做好重点区域港口资源、航道资源的划定和保护工作。

根据《规划》的发展目标和重点任务分析可知，从规划预测吞吐量看，港口货物吞吐量增速将进一步减缓。从重点工程建设任务看，主要包括高等级航道建设，主要港区内的大型铁矿石码头、大型原油码头及集装箱码头工程建设等，虽然行业发展增速趋缓，但仍规划了不少大型码头泊位和航道工程。

从生态环境保护要求看，重点加强岸线资源集约化利用，推进港口船舶污染防治、船舶岸电使用、港口清洁能源使用、铁水联运、生态保护修复等措施。在行业管理上，主要推进全国港口与航道布局规划研究和修编工作，与国土空间规划充分衔接。

1.2 水运行业绿色发展的现状及问题

1.2.1 部分港口空间布局不合理，岸线开发利用强度大且利用率不高

沿海重要港口空间布局环境敏感。沿海部分重要港口布局与我国海域重要渔业资源区域、珍稀水生保护动物活动区域、鸟类栖息地等环境敏感区分布存在一定重叠。例如，舟山港全部位于舟山渔场内；大连港、营口港、盘锦港、烟台港等涉及辽宁大连斑海豹国家级自然保护区、辽宁双台河口国家级自然保护区；厦门港、广州港、珠海港、湛江港等涉及中华白海豚国家级自然保护区。部分港口

空间布局不合理，造成水运行业对斑海豹、中华白海豚、珍稀保护鸟类及重要渔业资源的环保压力加大。

局部海域内港口码头密集布置。部分地区围填海造地、争夺岸线资源及空间布局同质化等问题严重，港口资源过度开发。例如，京津冀地区海岸线长 640 km，分布着秦皇岛港、京唐港、曹妃甸港、天津港、黄骅港等 5 个重要港口，大多在不断围填海基础上提升运能，对沿海生态造成较大影响。在苏北约 763 km 的海岸线上，自北向南密布着 9 个港口，仅盐城市就有 4 个港区，且岸线规划仍有延展趋势。地区性港口普遍存在较为突出的发展冲动，违背了国家从整体上分区域分层次规划沿海港口发展的战略目标。

港口码头岸线开发利用强度显著加大。大陆自然岸线保有率由 2000 年的 54.63% 减至 2016 年的 35.99%，年均降幅 1.17%，已接近《全国海洋功能区划（2011—2020 年）》提出的 2020 年规划目标底线（保有率不低于 35%）。2016 年大陆岸线中人工岸线长 12 085 km，较 2000 年增长 62.89%，海岸人工化趋势明显。其中，沿海港口码头岸线长 1 702.4 km，较 2000 年增加 1 107 km（1.86 倍），呈现快速增长的趋势。从沿海省（区、市）港口码头岸线开发利用强度看，天津开发强度最大（开发指数达 5.09），其次是江苏和辽宁；广东、海南和广西开发程度相对较弱（开发指数分别为 0.43、0.62 和 0.64）。

港口占用岸线的发展模式仍显粗放，岸线集约利用水平不高。部分地方政府希望以港口建设拉动区域经济快速增长，造成局部地区港口建设过热，在岸线利用上仅考虑短期利益，未能从岸线资源的稀缺性、利用合理性等方面进行统筹规划。在沿海主要港口总体规划中，多数以岸线资源的大规模开发占用来实现港区货物吞吐量的增长，发展模式仍显粗放。

我国港口的岸线利用率总体不高，沿海港口单位长度岸线吞吐量增加幅度不明显，存在岸线资源"占而不用、多占少用、深水浅用"等现象。此外，公用码头能力普遍吃紧与企业专用码头利用效率偏低的结构性问题，也影响了岸线资源的有效利用。长江流域已利用岸线长度为 2 625 km，利用率约 15%，主要包括港口码头、取排水口等，由于历史因素和缺乏统一规划，长江局部江段也存在岸线资源配置不合理、利用效率低、岸线资源浪费等情况。

1.2.2 长江黄金水道开发与保护的矛盾突出，生态保护形势更加严峻

长江水运开发进一步加剧了流域性生态退化。"十一五"时期以来，长江水运取得快速发展，航道里程不断延伸、航道等级持续提高、航运密度迅速增大，加剧了长江黄金水道面临的生态问题。主要表现：一是自然生境空间被直接占用，如长江干线航道"十二五"整治工程涉及江段长度达 952 km，约占干线总长度的 35%；宜宾以下长江港口岸线达 527 km，开发率达 15%以上，并且根据《长江岸线保护和开发利用总体规划》，长江岸线总开发率将达到 35.2%。二是港口和航道工程施工破坏自然生境，改变了局部河床形态和水文情势，造成自然复杂的河流形态和流场朝单一化方向发展，影响生物多样性。三是频繁的人工活动增加了对珍稀水生保护动物的伤害风险，爆破、炸礁等施工行为以及航道整治后通行船舶增多、吨位增大、吃水加深等，加大了对中华鲟、江豚等大型水生生物的误伤风险。近年来，长江江豚死亡案例中，约有 1/3 的案例与船舶碰撞有关。四是在水电、水利、航道建设、违法捕捞、采砂、排污等人类活动的综合影响下，长江水生生物多样性指数持续下降，多种珍稀物种濒临灭绝，流域性生态问题日趋突出，中华鲟、胭脂鱼、四大家鱼（青、草、鲢、鳙）等鱼卵和鱼苗大幅减少，长江上游受威胁鱼类种类占全国总数的 40%，白鱀豚已功能性灭绝，江豚面临极危态势，中华鲟近几年未监测到自然繁殖现象。

长江黄金水道建设与生态保护的矛盾愈发突出。一是长江航运与生态保护功能存在天然重叠，目前航道发展规划与生态保护尚未能有机协调。一方面，长江干线设有 11 个涉及豚类、珍稀鱼类的自然保护区和 11 个水产种质资源保护区，保护区总长 1 400 km，约占干线总里程的 50%；另一方面，由于航道的连续性，长江干线航道等级的提高将涉及全长江干线，航道提高一个等级新增的大量涉水构筑物、施工作业将直接占用或破坏水生生物生境，由此引起的船舶航运规模扩大也将对珍稀水生保护动物造成重大伤害。目前，航道建设规划未能充分考虑长江生态服务功能的承载力，主要考虑腹地经济发展的通航需求，造成长江黄金水道功能与生态保护空间的严重冲突。二是长江航道等级提高必然导致沿江港口规模的扩大，目前长江港口码头布局的专业化和集约化程度偏低，必须统筹规划，合理释放生态空间。例如，湖南段 158 km 可利用岸线有大小各类码头超过 70 座，

江西九江 152 km 岸线有 150 多个港口，安徽安庆、池州 167 km 岸线有各类码头泊位 260 座，平均不到 1 km 就有一座码头，越往下游，港口码头越密集，岸线资源越紧张，长江生态空间被严重挤压。

长江航道建设项目生态敏感性明显增加。"十一五"时期，国家环境保护总局审批的水运项目较少涉及生态敏感区，"十一五"时期有 38 个项目涉及 44 个生态敏感区，而"十二五"时期仅长江航道就有 12 个项目涉及长江新螺白鱀豚国家级自然保护区、湖北宜昌中华鲟自然保护区等 6 个自然保护区，进一步加剧了对长江江豚、中华鲟等水生保护动物的影响。"十三五"时期水运行业生态保护形势依然严峻，建设规划中仍有多个航道整治项目涉及豚类自然保护区、长江上游珍稀特有鱼类等自然保护区。

1.2.3 沿海港口带动的临港产业呈重化工发展特征，威胁近岸海域环境质量

沿海港口建设带动了临港重化工产业的发展，加剧了近岸海域水质恶化的压力。沿海港口大宗货物运输的优势导致临港工业成为沿海地区的经济发展重点。目前，我国沿海临港工业均以石化、钢铁等重化工行业为主导产业，沿海省（区、市）均依托港口设立了重化工工业园区，其中黄海、渤海、南海沿岸石化、钢铁等项目分布密度较高，城市的发展、重化工工业遍地开花的布局方式与近岸海域环保工作的矛盾日益突出，近岸海域水环境质量面临进一步恶化的巨大压力。

沿海主要港口所处的近岸海域水环境质量总体较差。根据《2016 中国环境状况公报》和《2016 中国近岸海域环境质量公报》，我国劣四类海水面积达 3.55 万 km^2，主要超标因子为无机氮和活性磷酸盐，超标点位主要集中在辽东湾、渤海湾、长江口、珠江口以及江苏、浙江、广东部分近岸海域，与我国沿海重要港口的空间分布存在明显重叠。

1.2.4 重点港区和危化品的环境风险隐患不断积聚，风险管控难度较大

五大区域港口群的环境风险隐患不断积聚，一旦发生大型风险事故，后果难以承受。五大区域港口群集中了全国主要的干散货码头、油气化工品码头及危险

品集装箱码头，大型码头众多、吞吐量大、船舶大型化趋势明显，溢油和危险化学品泄漏、火灾、爆炸等环境事故风险发生概率大幅增加，一直是水运行业环境风险管控的重点区域，一旦发生风险事故，将对近岸海域生态安全造成较大的威胁。2006—2019 年批复建设的专业化码头中，1/3 的煤炭码头和原油码头项目、2/3 的铁矿石码头项目分布在环渤海沿海港口群，1/3 的原油码头项目集中分布在宁波-舟山港。例如，2010 年大连港 "7·16 事故"，大连湾、大窑湾和小窑湾等局部海域受到严重污染，对海水浴场、滨海旅游景区、自然保护区等产生了严重影响，约 430 km^2 的海面遭受污染，其中重度污染区超过 10 km^2。

对涉危化品码头项目的装卸、储存、运输等风险进行有效管控的难度较大。主要体现在以下几个方面：一是全国沿海、沿江涉危化品港口码头数量众多，其中环渤海港口群和宁波-舟山港原油码头及配套仓储罐区极为集中；长江干线港口危化品年吞吐量达 1.7 亿 t，运输的危化品种类超过 250 种（2014 年数据），对其进行有效风险管控的难度较大。二是船舶、码头及陆域罐区分属海事和港口等不同行政管理部门管理，部分项目码头和后方库区被人为拆分报批，造成各部门、各环节无法形成统一有效的风险管控措施。三是目前危化品码头装卸货物种类繁多、成分复杂、运输和储存的环节较多，发生泄漏后尚缺乏有效的处置措施。四是部分港口码头项目工艺设施和管理落后，与周边居民点的距离较近，一旦发生事故，可能严重影响区域生态安全和人体健康。

港口码头项目环境风险排查结果不容乐观。2015 年，环境保护部对 2004 年以来部审批的涉危化品码头项目的风险排查结果表明：港口总体规划中未明确危险品集装箱码头的岸线布局和规模，集装箱危险品装卸和堆存设施布局存在风险隐患；46 个涉危化品码头项目中有 19 个周边 1 km 范围内有居民点，陆域风险较大；25 个项目码头与后方油库区分开进行环评，陆域工程普遍以 "仓储基地" 的名义由地方批复后先期围填海建设，造成涉危化品码头项目的风险难以整体管控。2016 年，广东省环保违法违规项目清理整顿中发现，部分港口码头项目运营中存在危化品货种明显增加的情况，如某项目货种由 46 种增至 146 种，风险管控更加复杂。

第 2 章

国内外环境管理政策

2.1　国际公约

2.1.1　《国际防止船舶造成污染公约》

2.1.1.1　制定背景

为防止并消除船舶排放油类和其他有毒物质造成对海洋的污染，以及最大限度地减少船舶海损事故造成污染，1973 年 10 月 8 日至 11 月 2 日，国际海事组织在伦敦召开国际防止船舶造成污染会议，在《1954 年国际防止海上油污公约》及其各项修正案的基础上制定了《1973 年国际防止船舶造成污染公约》。1978 年 2 月，在国际油轮安全和防止污染大会上，讨论并通过了《1973 年国际防止船舶造成污染公约 1978 年议定书》，1973 年的公约及其 1978 年的议定书构成一体，统称《73/78 船污公约》。其生效条件是：自不少于 15 个国家（其商船合计总吨位不少于世界商船总吨位的 50%）成为缔约国之日后经过 12 个月生效。目前公约共有 6 个附则，分别是附则 I 防止油污规则；附则 II 防止散装有毒液体物质污染规则；附则III防止海运包装形式有害物质污染规则；附则IV防止船舶生活污水污染规则；附则 V 防止船舶垃圾污染规则；附则VI防止船舶造成大气污染规则。其中，附则 I 和附则 II 是必选附则，其他 4 个附则为可选附则，即一个国家参加公约可声明仅参加可选附则中哪几个附则。目前，所有 6 个附则均已生效。我国参加了所有附则。

2.1.1.2　适用范围

该公约适用于有权悬挂一缔约国国旗的船舶和无权悬挂一缔约国的国旗但在另一缔约国的管辖下进行营运的船舶。公约不适用于任何军舰、海军辅助船舶或其他国有或国营只用于政府非商业服务的船舶。但每一缔约国应采取不损害其所拥有或经营的这种船舶的操作或操作性能的适当措施，以保证这种船舶在合理和可行的范围内按本公约的规定行事。

2.1.1.3　主要内容

公约中对各缔约国应承担的一般义务、违章处理、证书和检查船舶的特殊规定、违章事件的侦查和本公约的实施、涉及有害物质的事故报告、修正程序、退出原则等做了规定，并在 6 个附则中给出了污染防治的具体规则。

附则Ⅰ防止油污规则。适用范围包括除另有明文规定外的所有船舶。规范主要内容包括船舶检验和证书签发要求，对所有船舶机器处所的要求，对油船货物区域的要求，船上油污应急计划的制订，接收设备，对固定或浮动平台的特殊要求，防止油轮间进行海上货油过驳造成污染，在南极使用或载运油类的特殊要求等。

附则Ⅱ防止散装有毒液体物质污染规则。适用范围包括除另有明文规定外，所有核准散装运输有毒液体物质的船舶。规范主要内容包括有毒液体物质的分类划定，化学品液货船的检验和发证要求，有毒液体物质的船舶的设计、构造、设备和操作规定，有毒液体物质的操作性排放控制要求，防止有毒液体物质发生污染的相关规定，接收设备要求等。

附则Ⅲ防止海运包装形式有害物质污染规则。适用范围包括除另有明文规定外，所有装运包装形式有害物质的船舶。主要对盛装有害物质的包装件的包装、标志和标签、单证、积载、载运数量限制，以及关于操作要求的港口国控制等做出规定。

附则Ⅳ防止船舶生活污水污染规则。适用范围包括 400 总吨及以上，或小于 400 总吨且核准载运 15 人以上的国际航行的船舶。主要规定内容包括船舶检验要求，证书签发或签署要求，船舶设备和排放控制要求，港口和近海装卸站生活污水接收设备配备要求，关于操作性要求的港口国监督规定等。

附则V防止船舶垃圾污染规则。适用范围包括除另有明文规定外的所有船舶。主要规定内容包括在特殊区域外处理垃圾的要求，对处理垃圾的特殊要求，在特殊区域内处理垃圾的要求，港口和近海装卸站配备垃圾接收设备的要求，港口国监督规定，以及船舶上告示张贴、垃圾管理计划和垃圾记录保存等。

附则VI防止船舶造成大气污染规则。适用范围包括除附则中另有明文规定外的所有船舶。主要规定内容包括船舶检验、证书签发和监督措施，控制船舶排放的要求，港口、装卸站或修理港配备接收设备的要求，燃油的供应和质量要求等。

2.1.2 《国际船舶压载水和沉积物控制与管理公约》

2.1.2.1 制定背景

2004 年 2 月，国际海事组织（IMO）召开的压载水管理国际会议通过《国际船舶压载水和沉积物控制与管理公约》，公约规定的生效条件为世界商船总吨位不少于35%的至少30个国家批准12个月后生效，2017 年 9 月 8 日该公约正式生效。《国际船舶压载水和沉积物控制与管理公约》是全球第一部应对压载水携带外来物种入侵的国际公约，旨在通过对船舶压载水和沉积物的控制与管理，防止、减少和最终消除由有害水生物和病原体的转移对环境、人体健康、财产和资源造成的危害。2019 年 1 月 22 日，该公约对我国正式生效。

2.1.2.2 适用范围

除本公约中另有明文规定者外，本公约应适用于有权悬挂某一当事国国旗的船舶，以及无权悬挂某一当事国国旗但在一当事国管辖下营运的船舶。不应适用于：设计或建造成不承载压载水的船舶；仅在某一当事国管辖水域内营运的该当事国的船舶，除非该当事国确定此类船舶的压载水排放会损伤或损害本国、相邻或其他国家的环境、人体健康、财产或资源；仅在某一当事国管辖水域内营运的船舶（此种免除需经该当事国授权的另一当事国的船舶，如果此种授权会损伤或损害本国、相邻或其他国家的环境、人体健康、财产或资源，则任何当事国不得给予此种授权。不给予此种授权的任何当事国应向有关船舶的主管机关做出本公约适用于该船舶的通知）；仅在一个当事国的管辖水域内和在公海上营运的船舶；任何军舰、海军辅助船或由国家拥有或营运并在其时仅用于政府非商业服务的其他船舶，但是每一当事国应通过采用不损害其拥有或经营的此类船舶的作业或能力的适当措施，确保此类船舶在合理和可行时以符合本公约的方式行动；船上密封舱柜中的不排放的永久性压载水。

对于非本公约当事国的船舶，当事国应应用本公约的必要要求，以确保不给予此类船舶更为优惠的待遇。

2.1.2.3　主要内容

该公约由正文和附则组成，对各当事国一般义务、沉积物接收设备、科学技术研究和监测、检验和发证、对于违犯事件的处罚、船舶检查、技术援助、合作和区域合作、修正案的程序等作出了规定。

附则《船舶压载水和沉积物控制与管理规则》分为 A、B、C、D、E 5 个部分：A 部分为一般规定，包括定义、适用性、例外和免除的具体规定；B 部分为对船舶的管理和控制要求，包括压载水管理计划、压载水记录簿、船舶压载水管理、压载水更换、沉积物管理、高级船员和普通船员的职责；C 部分为对若干区域的特殊要求，包括附加措施、在若干地区加装压载水的警告和有关的船旗国措施以及信息通报；D 部分为压载水交换标准、压载水性能标准、压载水管理系统的认可要求、原型压载水处理技术及海事组织对标准的检查；E 部分为检查、证书颁发或签注、证书的格式和期限等方面的具体规定。

2.1.3　《1990 年国际油污防备、反应和合作公约》

2.1.3.1　制定背景

国际海事组织于 1990 年 11 月 19—30 日在伦敦召开了外交大会，有 93 个国家和 17 个国际组织代表或观察员出席了会议，中国香港也派员列席。会议通过了《1990 年国际油污防备、反应和合作公约》。该公约的生效条件是 15 个国家加入。该公约于 1995 年 5 月 13 日生效。我国于 1998 年 3 月 20 日交存加入书，1998 年 6

月 30 日对我国生效。

2.1.3.2 适用范围

本公约不适用于任何军舰、军用辅助船或由国家拥有或使用并在当时只用于政府非商业服务的其他船舶。但每一当事国应采取不影响由其拥有或使用的这类船舶的作业或作业能力的适当措施，确保此类船舶在合理和可行时，以符合本公约的方式活动。

2.1.3.3 主要内容

本公约的目的是促进各国加强油污防治工作，强调有效防备的重要性，在发生重大油污事故时加强区域性或国际性合作，采取快速有效的行动，减少油污造成的损害。

公约要求所有船舶、港口和近海装置都应具备油污应急计划，并且港口国当局有权对此进行监督检查。

公约规定所有肇事船舶和其他发现油污事故的机构或官员应毫不延迟地向最近的沿岸国报告。各国在接到报告后应采取行动，并进行通报。

公约还规定了各缔约国应建立全国性油污防备和响应体系；各国之间可建立双边或多边、地区性或国际性的技术合作。

公约的附则对援助费用的偿还作了规定。

2.1.4 《防止倾倒废物及其他物质污染海洋的公约》

2.1.4.1 制定背景

《防止倾倒废物及其他物质污染海洋的公约》，1972 年 12 月 29 日订于伦敦、墨西哥城、莫斯科和华盛顿，是为保护海洋环境、敦促世界各国共同防止由于倾倒废弃物而造成海洋环境污染的公约。该公约于 1975 年 8 月 30 日生效，1985 年 12 月 15 日对我国生效。

2.1.4.2　适用范围

本公约所指"倾倒"，包括从船舶、航空器、平台或其他海上人工构造物将废物或其他物质在海洋中作的任何故意处置；将船舶、航空器、平台或其他海上人工构造物在海洋中作的任何故意处置；从船舶、航空器、平台或其他海上人工构造物将废物或其他物质在海床及其底土中作的任何贮藏；仅为故意处置目的在现场对平台或其他海上人工构造物作的任何弃置或任何倾覆。不包括将船舶、航空器、平台或其他海上人工构造物及其设备的正常运作所伴生或产生的废物或其他物质处置到海洋中，但为处置此种物质而运作的船舶、航空器、平台或其他海上人工构造物所运输或向其运输的废物或其他物质，或在此种船舶、航空器、平台或其他人工构造物上处理此种废物或其他物质所产生的废物或其他物质除外；并非为单纯物质处置的物质放置，但此种放置不应违背本公约的宗旨；在海洋中弃置并非为单纯物质处置而放置的物质（如电缆、管道和海洋调查装置）。处置或贮藏直接产生于海床矿物资源的勘探、开发和相关近海加工或与此有关的废物或其他物质，不受本公约规定的管辖。

2.1.4.3　主要内容

缔约当事国应单独和集体地保护和保全海洋环境，使其不受一切污染源的危害，应按其科学、技术和经济能力采取有效措施防止、减少并在可行时消除倾倒或海上焚烧废物或其他物质造成的海洋污染。

公约包括 3 个附件，附件 I 为可考虑倾倒的废物或其他物质，附件 II 为对可考虑倾倒的废物或其他物质的评定，附件 III 为仲裁程序。缔约当事国应禁止倾倒除附件 I 中所列者以外的任何废物或其他物质，倾倒附件 I 中所列废物或其他物质须有许可证。缔约当事国应采取行政或立法措施，确保许可证的颁发和许可证的条件符合附件 II 中要求。特别应注意使用对环境更可取的替代办法来避免倾倒的机会。

2.1.5 《关于特别是作为水禽栖息地的国际重要湿地公约》

2.1.5.1 制定背景

为保护全球湿地以及湿地资源，1971 年 2 月 2 日，来自 18 个国家的代表在伊朗拉姆萨尔共同签署了《关于特别是作为水禽栖息地的国际重要湿地公约》（简称《湿地公约》，又称《拉姆萨尔公约》）。《湿地公约》确定的国际重要湿地，是在生态学、植物学、动物学、湖沼学或水文学方面具有独特的国际意义的湿地。《湿地公约》致力于通过国际合作，实现全球湿地保护与合理利用，是当今具有较大影响力的多边环境公约之一。该公约于 1975 年 12 月 21 日正式生效，我国于 1992 年加入公约。

2.1.5.2 适用范围

本公约中湿地是指天然或人造、永久或暂时之死水或流水、淡水、微咸或咸水沼泽地、泥炭地或水域，包括低潮时水深不超过 6 m 的海水区。水禽是指从生态学角度看以湿地为生存条件的鸟类。

2.1.5.3 主要内容

公约中规定，每个缔约国应指定其领土内适当湿地列入《具有国际意义的湿地目录》（以下简称《目录》）。各缔约国应制订和执行规划，以促进对列入《目录》的湿地的保护，并尽可能地合理使用其领土内的湿地。每个缔约国应在湿地（无论是否已列入《目录》）建立自然保护区，以促进对湿地和水禽的保护，并采取充分措施予以监管。

为检查和促进这项公约的实施，设立缔约国会议。常务办事处至少每 3 年召开一次缔约国会议之例会，讨论本公约的执行情况；讨论《目录》的增补和修改；审议关于《目录》中所列湿地生态特性变化的资料；就保护、管理和合理使用湿地及其动植物资源问题，向缔约国提出一般性建议或具体建议；要求有关国际机构就涉及湿地的国际问题提出报告和提供统计资料；通过其他建议或决议，促进本公约的执行。

2.2 发达国家管理政策

2.2.1 美国

2.2.1.1 港口环境管理

（1）长滩港。

美国加利福尼亚州长滩港是绿色港口的倡导者之一，在绿色港口建设方面取得的成就为世界瞩目，是全球绿色港口建设的楷模。作为美国西海岸重要的贸易口岸之一，长滩港对地区经济的影响非常深远，但随着吞吐量的逐年上升，污染也日益加重，如何解决二者之间的矛盾，促进港口的良性发展，成为迫在眉睫的问题。2005 年 1 月，长滩港首次推出"绿色港口政策"，制订了包括维护水质、清洁空气、保护土壤、保护海洋野生动植物及栖息地、减轻交通压力、可持续发展、社区参与等 7 个方面近 40 个项目的环保方案，使长滩港水质达到 10 年来的最佳水平。

长滩港的绿色港口政策包括 6 个基本元素，每一个都有独立的总体目标。野生动植物：保护、保持和恢复水生生态系统及海洋生物栖息地；空气：减少港口的有害气体排放；水：改善长滩港的水质；土壤/沉积物：去除、处理以使其能重新利用；社区参与：就港口运营和环保规划与社区互动，并进行社区教育；可持续性：将可持续发展的理念贯彻到港口设计、建设、运营和管理的各个方面。

（2）纽约-新泽西港。

位于美国东部的纽约-新泽西港持续投入大量资金用于港口扩建和部分设施的改造并采取环保措施，以适应美国联邦政府强制推行的绿色港口政策和缓解来自居民和环保主义者的压力。目前这些措施已经取得良好的效果。

港口主要从港区运营、船舶监控、环境监测等三方面入手建设绿色港口。早在 2004 年，纽约-新泽西港就开始在公用泊位和船舶给养区域执行 EMS（港口环境管理体系），后来逐渐扩展到航道疏浚以及码头操作等各个方面。同时，港口经营方利用污水处理系统处理港口的污水，并且大力推行可再生设备的使用，注重更新码头的装卸设备，淘汰大批严重污染环境的设备，尽量使其现代化、电气化，减少有害气体的排放。此外，港口积极加强基础设施建设，通过拓建高速铁路和改善港口物流系统的方式来缓解因交通压力而产生的环境问题。

（3）休斯敦港。

休斯敦港制定了完善的环境管理系统，各级雇员不断地对环境影响进行检查，制订并落实降低影响的积极目标。休斯敦港务局以 ISO 14001：1996 为基础，从计划、制造、检查，一直到行动，以及对所需的资金进行管理都采用一种环保政策，承诺顺应环境调控，防止污染，并不断地改进。

休斯敦港务局开展了一项系统活动来评估并降低废气的排放，2000 年完成了一份综合清单，针对的是休斯敦港务局的产业和在休斯敦航道通行的远洋轮上的装备所排放的气体，并试验了许多设备和技术。按照美国标准，这份清单是独一无二的，因为它是用从船舶和运行设备上收集的数据，而不是用种种假定来计算挥发量。同时，休斯敦港务局邀请了来自美国 14 个城市的有关专家作为环保顾问，为港口的环保管理活动献计献策。休斯敦港务局于 2002 年在美国港口中率先取得 ISO 14001 认证。

（4）巴尔的摩港。

美国巴尔的摩港在绿色港口建设方面最为突出的成就是人工岛的建立。该港经过长期的研究和努力，顺利解决了航道和码头泊位的疏浚问题，在项目开展之前，由州政府的环保机构开展环境评估，并进行设计、施工管理，港口发展部定期与地方环保主管部门联络，进行监测。其资金来源由运输信托基金会提供，所有与运输相关的租赁收入、燃料租金及其他收入都进该基金会，再由政府批准，用于这些项目的开发。人工岛形成后，将其交还给政府自然资源管理委员会，由政府决定使用开发建设的方向。该港的这一环保措施的施行给人留下了深刻的印象，这是对港口环保综合治理，城市港口和岸线的保护、开发、资源综合利用，促进持续发展的成功实践。

2.2.1.2 航道环境管理

密西西比河是世界第四长河，南北走向，河口多年平均流量约为 1.9 万 m^3/s（长江约为 3.4 万 m^3/s），流域面积 322 万 km^2，占美国国土总面积的 34.4%。密西西比河航道系统是美国最大的内河航道系统，通航里程约 2.59 万 km，水深在

2.74 m（相当于中国的三级航道）以上的航道约占 60%，年货运量约为 7 亿 t，占全美内河货运总量的 60%以上，货种以煤炭、石油、非金属矿石、农产品等为主（约占货运总量的 70%），是美国名副其实的黄金水道。18 世纪 80 年代到 20 世纪 80 年代的 200 年间是密西西比河的"大建设"时期。到了 20 世纪 70 年代末，密西西比河上游干支流已经连续渠化，中游建设了大量的丁坝群，下游完成了浚深和裁弯取直，全流域岸线进行了防洪堤整治，造成河流水质严重恶化、水体自净能力下降、湿地严重退化。20 世纪 60 年代，开始了环境保护意识的全社会启蒙，密西西比河防洪策略逐渐由"抗拒洪水"向"给洪水让路"转变；70 年代是美国环境立法的黄金时期，在环境保护和经济发展水平的决定因素下，密西西比河步入"大保护"阶段，主要开展流域水质的改善和湿地的恢复。

　　1996 年，美国环保局颁布了《流域保护方法框架》《州水源评价和保护项目指南》，通过跨学科、跨部门联合，加强社区之间、流域之间的合作来治理水污染，在流域内协调各利益相关方力量以解决最突出的环境问题，进行流域共治的水环境管理。1997 年，美国环保局牵头，包括美国环保局、农业部、内政部、商务部、陆军工程兵团和 12 个州的环保及农业部门参与成立了密西西比河/墨西哥湾流域营养物质工作组，协商协调流域共治。在工作组的协调下，美国地质调查局、美国环保局、国家水质监测委员会和美国农业部合作建立了水质门户网站，整合了联邦、州、部落和地方 400 多个管理部门的公开数据，完善的流域监测和评价体系为长期监测流域水质和富营养化情况提供了有力保障。1787 年，美国的《西北条例》以法律形式确定了公共信托原则，宣布密西西比河的可通航部分是"美国公民永远免费的公共高速公路"，公共信托区域包括河流的潮浸区和可通航水域。公共信托原则被环保主义者视为有力的武器，不仅将作为信托客体的自然资源范围大为扩大，而且也从保障公众对可航水域的商业利用扩展至自然环境保护，重视水质和野生生物的保护、自然环境的美学价值和娱乐使用等生态利用。2001 年，基于《清洁水法》，美国环保局和陆军工程兵团发布了图诺克新规则，认为"机械进行的土地清理、挖沟、渠道建设、水中采矿和其他在水体中的活动都会造成污染物排放，需要申请许可，除非有证据证明其活动仅造成偶然的回沉积"，规则也对"偶然的回沉积"进行了明确定义。

　　目前，美国陆军工程兵团是密西西比河流域环境保护的唯一责任主体。由于密西西比河的水资源开发已经结束，陆军工程兵团目前的主要职责为密西西比河流域的水利/航运设施的修缮和维护、湿地开发许可发放、环境保护计划和工程的实施等。陆军工程兵团在国会的预算管理监督、美国环保局的环境管理要求下，实施了众多的流域环境管理/修复计划和工程，如大江环境行动团队计划、密西西比河上游重建环境管理计划、密西西比河形态学与河流学项目、预防与减免计划、长期资源监测项目、栖息地重建与改善项目等。作为密西西比河流域开发和保护的唯一执行机构，陆军工程兵团的流域管理效率相对较高，为生态修复和保护做出了突出贡献。但是，正因为其将开发和保护集于一体，也出现了众多保护让位于开发的现象。

2.2.1.3　压载水管理制度

1989 年，美国制定了第一个压载水管理的规则——《控制侵入大湖区压载水的自愿指南》，该指南属于一个建议性的指南，不具有法律约束力，且没有具体的压载水处理规定。1990 年，美国国会颁布了《外来有害水生生物预防与控制法》（*Non-indigenous Aquatic Nuisance Prevention and Control Act*，NANPCA），并赋予美国海岸警卫队对船舶压载水进行监管的管辖权限。1993 年 8 月，美国海岸警卫队（USCG）发布"进入大湖区船舶压载水管理"最终规则，对从美国和加拿大专属经济区之外进入大湖区的船舶实施强制性的压载水管理，并且规定了民事和刑事责任。1996 年，美国国会通过了《国家入侵物种法》（*The National Invasive Species Act*，NISA），对 1990 年的 NANPCA 进行了修订与再授权，把适用于大湖区的压载水管理规则扩大适用于美国全部水域，该法认可在公海置换船舶压载水的方法，强制要求船舶提供压载水报告，并提出了促进自愿压载水管理实施的要求。但是由于最初的自愿性法规被遵守的概率太低，2004 年海岸警卫队颁布条例将压载水管理由自愿改为强制。同时，《清洁水法》中也包含船舶压载水排放监管的相关要求。除联邦统一立法外，加利福尼亚州、华盛顿州、俄勒冈州、马里兰州、密歇根州等对压载水各自立法，弥补了联邦立法的空白，如压载水更换豁免制度，将压载水排放至岸上的接收设施等，有些州立法比联邦立法的规定更为严格。

从管理体制上看，美国的船舶压载水管理体制是双轨制，在联邦层面上，由美国海岸警卫队主管和实施执法；在各州层面上，主管机关差异较大，如华盛顿州由渔业和野生动物管理部门负责，俄勒冈州和密歇根州由环境质量部负责，加利福尼亚州由国土委员会负责。接收船舶压载水报告的机构因地域而不同。对于从专属经济区以外进入大湖区或 Hudson 河的 George Washington 桥以北河段的船舶，由 USCG 接收船舶压载水报告，而且必须至少提前 24 h 报告。对于进入其他地区的船舶，USCG 本身并不直接接收船舶压载水报告。USCG 与史密森尼环境研究中心（Smithsonian Environmental Research Center，SERC）联合成立了美国国家压载水信息交换中心（National Ballast Information Clearinghouse，NBIC），用来接收船舶压载水报告。向 NBIC 提交报告的，也必须在进入该地区至少提前 24 h 报告，如果航程短于 24 h，则须在航程开始时报告。

2010 年 9 月，《环境技术验证建议书》（ETV）发布，是 USCG 设定的独立的压载水处理装置的型式认可实验标准。美国以公约提出的标准和要求不能满足保护全球海洋环境目标为由拒绝加入该公约，同时对压载水处理装置提出单独的发证要求，给公约在全球范围的统一和协调实施带来了一定程度的困难。考虑 ETV 标准设定的技术要求，USCG 提出了折中方案，对于现有的已获得型式认可证书的压载水管理系统，不需要重新开展型式认可实验，只需要出示经认可组织代表该国主管机关颁发的型式认可证书，并提交相应的图纸资料和试验报告交由 USCG 判别达到美国相关法规要求，即可签发替代证书（AMS）。

2012 年 6 月 21 日，《美国水域船舶压载水活生物体排放标准规则》（33 CFR part 151）正式生效，对外轮船舶压载水管理进行了全面的规定。采用 USCG 认可的压载水管理系统的船舶，其排放标准与 IMO（D-2）排放标准相同，并提出了以下几种船舶压载水管理措施：一是安装运行 USCG 型式认可的压载水管理系统（BWMS）；二是在压载水排放标准实施日期前执行压载水置换或采用 AMS 方式；三是仅使用美国公共供水系统的自来水；四是不排放压载水；五是排至接收设施或其他船舶进行处理。

相关调研数据显示，自 2012 年起美国平均每年检验国外船舶 9 300 艘，发现违规船舶 592 例，船舶不合格项主要发生在日志和记录以及压载水管理系统两个方面。

2.2.2 欧洲国家

2.2.2.1 港口环境管理

英国作为岛国，其主要对外运输方式为海运，超过 90% 对外贸易货物是通过海运方式运输，拥有大小港口数百个，其中主要港口包括费利克斯托港、南安普敦港、伦敦港、曼彻斯特港、伊普斯威奇港、普利茅斯港、泰晤士港、贝尔法斯特港、利物浦港等，这些主要港口承担了英国大部分货物运输工作。

英国各港口在交通环境部下属的海洋污染控制中心的监督下，均制定了详细的环境管理政策、持续发展纲要和环境管理框架。例如，英国联合港口公司（Associated British Ports）制定了港口和环境协调发展的综合政策和目标，并向社会公布了《持续发展责任声明》、《持续发展政策》和《环境管理责任》，在诸多方面设定了公司的责任和符合法律规定的环境保护义务。费利克斯托港有自己的环保队伍和船舶、码头废弃物接收处理设施，港区内由港方进行环保执法。利物浦港设有环境污染监测控制中心，负责港口环境监测、管理及海上应急计划。伦敦港务管理局负责伦敦港的环境保护，港区商业用途和娱乐用途的协调，两岸管理及船舶污水、垃圾接收处置等。各港口每年要向港务管理局提供环保及应急计划，提出具体目标、措施和实施办法，各级有明确的责任和监督措施。

2.2.2.2 航道环境管理

莱茵河是西欧第一大河，全长 1 360 km，流域面积超过 25 万 km²，河两岸的支流通过一系列运河与多瑙河、罗讷河等水系连接，构成了一个四通八达的水运网，年货运总量约 3.5 亿 t（占欧洲内河运量的 3/4）。莱茵河是欧洲的国际黄金水道，上游及支流以渠化和运河为主，中下游干线航道可实现江海直达。较之密西西比河，莱茵河上的运输组织方式更为灵活自由，只要符合市场需求，就能够开展相应的业务。自 1817 年着力发展航运之后，莱茵河沿岸开始大量修建码头、铁路和公路等基础设施，使莱茵河流域成为重要的交通枢纽，然而其环境问题也随着大面积的沿流域洪泛平原被开发利用而日益严重。几十年来，由于欧洲经济格局已经基本趋于稳定，莱茵河运量基本维持在 21 世纪初的水平，航道基础设施建设主要以维护为主，发展阶段和密西西比河比较相似，环境保护已经成为莱茵河发展的主题。

　　莱茵河是流域国际共治的典范。为了使莱茵河重现生机，"保护莱茵河国际委员会"随之诞生。该委员会成立后，工作领域涉及莱茵河流域及与莱茵河有关的地下水、水生生态系统和陆生生态系统、污染和防洪工程等，实施了多项莱茵河环境保护计划，其工作的基本原则是预防、源头治理优先、污染者付费和补偿、可持续发展、新技术的应用和发展、污染不转移等。

　　莱茵河在德国境内全长约 867 km，占总长的 64%，德国对莱茵河的生态保护显得举足轻重。德国主要从以下几个方面管理和治理莱茵河。一是以经济手段为主、让企业成为环保的主体。德国对厂商按照实际排放量征收税费，如果证实其遵守了标准，费率可减少 75%，并且政府规定，给环境造成影响或损害的人要负责承担环境受损的费用。二是法律手段是经济手段的保证。目前，德国的环境法律法规有 8 000 多部，除此之外，还实施欧盟的约 400 部相关法规。德国已拥有世界上最完备、最详细的环境保护法律体系。三是环境教育是经济手段的主要补充。通过环境教育，85%的德国人把环保问题视为仅次于就业的国内第二大问题。四是先进监测手段的应用。瑞士、法国、德国、荷兰等莱茵河主要流经国按照统一规划的水质监测断面和监测技术要求，定期进行采样监测，加强对莱茵河整治全过程水质状况的监控。五是恢复生态，促进流域的可持续发展。保护莱茵河国际委员会在 1991 年颁布了"2000 年大马哈鱼重返计划"，为解决大马哈鱼洄游问题，优先做的工作是恢复鱼类的产卵基地，重建动植物生长的栖息地、修建过鱼通道、拆除干流大坝等。

2.2.2.3　压载水管理制度

　　在挪威，挪威海事局是压载水管理的主管机关，从 2010 年 7 月 1 日起开始强制执行压载水管理计划。压载水管理的方法：①压载水交换，即压载水应该在至少 200 m 深，离最近的陆地 200 n mile 的水域进行交换。如遇特殊情况，压载水可在 200 m 深，离陆地至少 50 n mile 的水域进行交换。②用 IMO 批准的系统处理。③交付海岸接收设备。如有特殊原因，挪威海事局可以免除这些要求，但必须有原因的解释说明。

压载水应该在下列区域外摄入：巴伦支海、挪威海、北海、爱尔兰海、比斯开湾和伊比利亚半岛附近，以及大西洋的北部。途中管理程序方法：如果船舶不能在特定深度水域或离陆要求距离交换压载水，那么必须在远离挪威港口的三个特定交换区域之一进行交换。

2.2.3 澳大利亚

2.2.3.1 港口管理制度

澳大利亚政府非常重视环境保护工作，联邦政府下设的环境保护管理局，负责制定各种环境保护条例和法令。澳大利亚海岸线长 3.7 万 km，有一定规模的沿海港口达 70 多个。海港建设、发展和运作均涉及海洋环境保护诸多问题，如海洋污染治理、水生生物生存及沿海水域、陆域环境保护等。其不允许在建设港口和港口生产运作中发生破坏环境、污染环境的情况。

环境保护管理局按照《联合国海洋法公约》和《防止倾倒废物及其他物质污染海洋的公约》及其议定书制定具体法令和条例，成为港口开发建设、经营以及航运发展所必须遵守的法令。在港口建设中，要配备收集船舶垃圾设备、回收船舶废水及防止石油污染设备，以尽量减少对水、陆地和大气的污染。一般不允许向海洋倾倒废物。凡需倾倒物质入海的，必须向环保部门申请，征得许可，领取许可证至指定地点倾倒。到 1994 年，联邦政府环境保护管理局发放了 205 个许可证，多为海洋疏浚抛泥所用。

澳大利亚在港口开发建设中，十分重视港口规划与港口所在城市规划的协调一致，也十分重视环保部门的"一票否决权"。其港口规划必须包括环境规划，规划执行过程也是港口不断发展的过程。为了满足环保要求，对较大港口和经常倾倒物质的港口均制定了长远环保规划，一般都是由港务局和环保部门共同研究制定。因此，各州和港务局在港口规划建设和港口一切活动中均非常重视调查，认真论证港口开发建设对环境的影响，并相应制订切实可行的措施。

2.2.3.2 开放水域管理

达令河流域是澳大利亚最具标志性的，也是最大的流域，覆盖了超过 100 万 km^2

的土地面积，约占澳大利亚国土面积的 14%。由于流域的过度开发，20 世纪 80 年代，超过一半的原生植被消失，大概 80% 的土地处于干旱半干旱地区，大部分已经退化，动植物栖息地消失。为解决流域生态环境保护问题，澳大利亚于 2007 年建立了达令河流域管理机制，该管理体系主要由联邦部长、达令河流域管理机构、达令河流域内阁理事会、流域官方委员会和流域社区委员会组成。2012 年 11 月，在流域管理机构的主导下，开始实施流域计划，在环境的可持续发展方面对水资源的利用加以限制，针对跨州流域内自然资源退化的环境问题开展修复、保护和监测等。

艾尔湖流域管理机构由联邦部长、艾尔湖流域跨政府协议（LEB 协议）、艾尔湖内阁理事会、湿地秘书处、湿地服务商、社区咨询委员会、科学咨询协会以及高级顾问组成。LEB 协议是基于管理艾尔湖流域内相关自然资产这个具体任务而建的虚拟政府管理模式。LEB 协议是管理 LEB 的虚拟组织机构，避免或者消除了跨区域管理的矛盾。监测和有效的环境管理是促进艾尔湖流域可持续发展的关键。因此，艾尔湖流域以 LEB 跨政府协议为中心，实施了为保护艾尔湖流域生态完整性和生态系统自然功能的 5 年行动计划以及评定艾尔湖流域内河道和流域状况的河流监测项目。

澳大利亚政府非常重视对湿地水环境的管理和先进技术的实施，近年来取得了明显成效。无论其管理手段还是技术的先进性都在世界上处于领先地位。通过分析澳大利亚湿地水环境管理政府部门工作形式，两个大型流域——达令河流域和艾尔湖流域湿地水环境管理和技术有机结合的实例，总结出澳大利亚湿地水环境管理的成功因素：政府部门设置和技术的有机结合、公众参与和大范围监测实施技术的结合，以及创新的政策手段与先进技术的有机结合。此外，达令河流域管理机构这样的实体管理机构在管理形式上适应性更强、更持久；艾尔湖流域跨政府协议这样的虚拟管理机构则更灵活多样，运行成本更低。澳大利亚湿地水环境管理的成功经验可以为我国湿地管理提供借鉴。

2.2.3.3　压载水管理制度

澳大利亚是最早采取措施应对船舶压载水所带来的生物入侵危害问题的国家之一。1991 年，澳大利亚联合加拿大首次在海上环境保护委员会（MEPC）会议上提出有关控制压载水的议案，同年，澳大利亚检验及检查服务处（AQIS）制定了《压载水管理指南》（*Australian Ballast Water Management Guidelines*），该指南根据 IMO 同年颁布的压载水指南内容制定，于 1997 年进行了修订。该指南规定 AQIS 是船舶压载水主管部门，负责监管所有进入澳大利亚水域的船舶压载水及其沉积物的排放行为，必要时还可对船舶压载水及其沉积物进行采样和监测。所有进入澳大利亚水域的船舶都必须按照澳大利亚国内法及《压载水管理指南》的要求进行压载水管理，否则将受到处罚。2001 年，澳大利亚出台了《澳大利亚压载水管理要求》（*Australian Ballast Water Management Requirements*），其立法依据是《检疫法 1908》，对压载水实施全面的强制性管理，禁止来自澳大利亚领海以外的船舶在澳洲港口/水域排放"高风险压载水"。"低风险压载水"指的是：①任何来源的淡水；②通过压载水决策支持系统（Ballast Water Decision Support System，BWDSS）评估认为是可以排放的、低风险的压载水（在特定日期、特定港口/地点）；③在允许的地点、通过允许的方法进行了压载水置换；④在深海（mid-ocean）泵入的压载水；⑤在澳大利亚领海内泵入的压载水。

管理要求规定：从国际水域到达澳大利亚水域的所有船舶都应在抵达澳大利亚港口前 12～48 h，向 AQIS 提交到达前检疫报告（Quarantine Pre-Arrival Report for Vessel，QPAR），其中包括所实施的压载水管理程序。对于不提交 QPAR 的船舶，AQIS 将不予发放检疫结果证明，这将影响船期或发生附加费用。未经 AQIS 的书面允许，来自国际航线的船舶不允许排放压载水。如必须处理压载水，可以在海上更换压载水（或使用经认可的压载水管理系统进行处理），或采用 BWDSS 向 AQIS 提供有关船舶压载水的吸注及拟排放的详情，以获得压载水的风险评估，并及时对"高风险压载水"进行适当的处理。在海上完全置换后的压载水可视为是低风险压载水，在澳大利亚排放压载水前不必再进行处理。船舶必须持有压载水记录簿，并如实在压载水记录簿上记录有关信息，包括压载水加载港、使用 AQIS 压载水决策支持系统（BWDSS）、海上更换压载水、压载水拟在澳大利亚水域排放的地点等。AQIS 检查官会在登轮检查时对其进行检查。

多年来，澳大利亚不断更新压载水管理要求，现行的是依据《生物安全法 2015》修改的最新版本。

在澳大利亚的各州（领地）中，维多利亚州对澳大利亚国内的压载水管理有附加要求。维多利亚州环境保护局负责本州内的来源于联邦内其他州（领地）的压载水管理，目的是防止维多利亚州遭受其他州（领地）压载水带来的生物入侵。对于来源于外国的压载水，仍然由 AQIS 进行管理。此外，维多利亚州也把压载水分为两类，分别是"国内高风险压载水"和"低风险压载水"，分类的依据与联邦法不同，不是看压载水出自何处，而是依靠环境保护局开发的"风险测试工具"进行分析判断，这种方法在国际上也属先进之列。

2.2.4　小结

2.2.4.1　港口环境管理

（1）港口规划中融入环境保护理念。任何一个港口建设都是从规划开始的，在港口规划的制定过程中考虑环境因素，可以保持港口建设与环境的协调性，更合理地使用包括水域、岸线、土地在内的各种资源，使港口满足社会经济发展和适应环境保护两方面的要求。国外很多的港口规划中融入了环境保护理念。在设计中，各种设施充分考虑对土地的合理利用，注意恢复海边的自然生态环境，注意以人为本，注重市民的需要，注重保护和发扬自身的环境特色，例如：休斯敦港将绿色理念融入新建和改建的建筑项目设计中；澳大利亚的港口规划必须包括环境规划，论证港口开发建设对环境的影响，并相应制订一些切实可行的措施。

（2）重视环境规划。港口的环境规划不单纯考虑经济因素，而是综合考虑经济、社会与环境因素，使港口的发展顺应环境条件，实现经济发展与环境保护的双赢。国外很多港口重视环境规划，如美国长滩港致力于改善环境，持续制定环境规划；澳大利亚对较大港口和经常倾倒物质的港口均制定了长远环境保护规划。

（3）港口运营中注重污染治理和资源利用。国外很多港口运营中注重污染治理和资源利用。纽约-新泽西港从港区运营、船舶监控、环境监测等三方面为建设绿色港口作出努力；休斯敦港务局开展了一项系统活动来评估并降低废气的排放；澳大利亚的港口建设中，要配备收集船舶垃圾设备、回收船舶废水及防止石油污染设备，以尽量减少对水、陆地、大气的污染；英国港口积极采用先进实用的环保防治技术，对各类污染进行防治；巴尔的摩港通过建人工岛，实现了资源的综合利用。

（4）加强事后环境管理。港口的环境管理，特别是在运营期间的管理，是港口可持续发展的关键，环境管理成效的大小，直接关系到港口可持续发展实施的前景。国外很多港口加强环境管理，如美国为了实现港口环境三个"洁"（即港区水域要清洁、地面要清洁和空气要清洁）、一个"静"（即环境要安静），推出严厉的港口绿色法规；休斯敦港口重视环境管理，于 2002 年率先在美国港口中取得 ISO 14001 认证；纽约-新泽西港通过建立港口环境管理体系进行绿色港口建设，注重加强内部培训和对外宣传。

2.2.4.2 航道开发环境管理

（1）国内航道开发难度更大，航运系统建设应具有中国特色。较之密西西比河和莱茵河，长江和珠江流域面积小、流量大，水能更大则航运开发难度更大。密西西比河通过连续渠化和市场集中化实现了船队运输模式；莱茵河中上游渠化和运河化、下游江海直达，多国参与的原因促使运输市场完全市场化，在运输标准化的推动下，实现了集装箱货运为主的运输模式，船队运输和自航船运输相对平衡。在"共抓大保护"要求下，我国不可能再学习莱茵河和密西西比河的高强度开发模式，基于我国现实的货运条件和航道条件的差异性，应开发具有中国特色的航道条件和航运系统。落实绿色水运发展目标，深化长江航运供给侧结构性改革，不断提高现有航道水平下的航运组织效率；坚持"以水定产"发展理念，推动发展节能环保的船队运输方式，形成自航船和船队互补的、灵活多样的内河运输组织形式；加强多式联运综合运输体系的建设，在长江生态敏感水域采取铁路、管道等相互衔接的运输方式减轻对水运的生态压力，通过以上手段构建以长江生态承载力为基础，长江航运和其他运输方式紧密衔接的绿色综合交通模式，切实从源头上降低长江航道超前规划建设的现实需求，减缓长江航运对长江生态功能的影响。

（2）国内航运密度远超国际黄金水道，生态保护压力更为严峻。在流域面积更小的条件下，2006 年，长江货运量是密西西比河的 3 倍，珠江货运量是莱茵河的 2.5 倍。莱茵河和密西西比河货运量一直相对稳定，而随着经济发展水平的持续提升，长江和珠江货运量还将继续增长。从航道建设历史来看，密西西比河和莱茵河已于 20 世纪六七十年代完成了高强度的流域整治。随着环境保护意识的启蒙和深化，西方发达国家已经从大发展时代进入了生态修复阶段。在 21 世纪初，我国的内河水运才得以大力发展，到目前为止，我国内河水运仍然处于低水平阶段，长江和珠江流域正处于航道扩能升级和生态环境保护的双重压力之下，航运的"绿色发展"需求更加紧迫。

（3）较之国际河流，我国内河流域环境管理相对碎片化。密西西比河可谓"一龙治水"，美国陆军工程兵团承揽了河流的一切水资源开发职能，并且承揽了流域内生态环境保护计划和工程的实施，同时具备湿地开发审批和环境执法权。莱茵河基于《莱茵河保护公约》，成立了莱茵河保护国际委员会，开展流域环境保护工作，公约中规定了缔约方的预防原则、谨慎原则、治本原则、污染者负担原则、污染影响不扩散原则、重大技术措施补偿原则、可持续开发原则、环境污染不转嫁给其他环境介质的原则等，在每年的莱茵河部长会议协调下，统一开发和保护要求，实现了流域的多国共治。澳大利亚的流域管理则相对灵活，主要通过流域协调机制或者统一流域机构事权的形式实现流域治理和保护。而我国在流域整体开发和保护上，尚未实现"多规合一"，相关职能部门在管理上协调不足，流域资源开发和保护存在矛盾。

2.2.4.3　压载水环境管理

（1）具有较为完善的法律体系。各国有关压载水的立法，基本采取自上而下式的立法模式，先制定效力较高的上位法，再由船舶压载水主管机关根据上位法制定更为具体和具有可操作性的规则、标准、指南。例如，美国通过联邦和州两级立法为船舶压载水监管提供了制度保障；加拿大制定了专门立法（《压载水控制和管理规章》）与《压载水管理公约》相衔接；新西兰通过《生物安全法》为压载水监管设定了基本原则和基本制度，《外来压载水进口的健康标准》则为船舶压载水监管提供了具体的管理办法和管理标准。

（2）建立全方位的监管体系。各国在压载水管理上基本都遵循入境前提交报告、靠泊时检查、排放前采样和检测（必要时）的程序。以新西兰为例，其监管涵盖了船舶入境前、入境中和入境后的全过程，实施"关键点介入"。入境前，告知船方应符合《外来压载水进口的健康标准》；入境时，压载水须满足标准要求并获得检验人员的许可后方可排放；压载水排放后，相关部门还要注意监测港口海域的海洋生物状况，发现异常及时处理。

（3）强化法律责任追究体系。严格的法律责任追究体系为有效监管压载水排放提供了强大的震慑力。例如，美国《清洁水法》对违反船舶压载水排放许可的行为规定了民事、行政和刑事等多重法律责任，密歇根州根据州法还要求其承担自然资源损害赔偿责任。新西兰《生物安全法》对当事人提交的船舶压载水报告信息不正确的，将对个人处以 12 个月以下有期徒刑和（或）罚款。

（4）实行差异化的监管模式。美国各水域遭受船舶压载水外来生物入侵的严重程度和潜在风险存在明显差异，五大湖区压载水监管要求远高于其他水域。澳大利亚建立了压载水风险评估系统，将压载水分为"高风险压载水""低风险压载水"两类区别对待，根据评估结果的不同，采取不同的监管措施。美国、阿根廷、澳大利亚等国家还进一步划定了压载水禁排区，对敏感水体实施严格保护。

（5）保障科研资金的充分供给。通过立法方式规定科研活动经费和资金来源，保障技术研发的资金到位，为压载水监管提供了坚实的技术支撑基础。美国的《外来有害水生生物预防与控制法》明确规定每个财政年度对各个研究项目包括压载水更换地点选取、外来生物监测、压载水处理技术等投入资金。加利福尼亚州规定在该州船舶所有人或经营人对压载水排放行为所支付的费用应用于资助科研活动。澳大利亚通过立法向靠港船舶征收压载水研发税以及压载水检验费、港口费的方式，建立专门的研究基金，为压载水管理技术研究提供资金支持。

2.3 国内主要环境管理政策

2.3.1 法律法规

2.3.1.1 《中华人民共和国长江保护法》

2020 年 12 月 26 日，中华人民共和国第十三届全国人民代表大会常务委员会第二十四次会议通过《中华人民共和国长江保护法》，自 2021 年 3 月 1 日起施行。《中华人民共和国长江保护法》是我国第一部流域专门法律，对于贯彻落实习近平生态文明思想和党中央有关决策部署，加强长江流域生态环境保护和修复，促进资源合理高效利用，保障生态安全，实现人与自然和谐共生、中华民族永续发展，具有重大意义。《中华人民共和国长江保护法》构建了既突出重点又统筹整体的长江水生生物保护新体系，为强化长江流域水生生物保护提供了有力的法律支撑。

《中华人民共和国长江保护法》涉及水运行业环保的条款主要有：加强对长江流域船舶、港口、矿山、化工厂、尾矿库等发生的突发生态环境事件的应急管理。长江流域水质超标的水功能区，应当实施更严格的污染物排放总量削减要求。严格限制在长江流域生态保护红线、自然保护地、水生生物重要栖息地水域实施航道整治工程；确需整治的，应当经科学论证，并依法办理相关手续。禁止在长江流域水上运输剧毒化学品和国家规定禁止通过内河运输的其他危险化学品。长江流域县级以上地方人民政府应当统筹建设船舶污染物接收转运处置设施、船舶液化天然气加注站，制定港口岸电设施、船舶受电设施建设和改造计划，并组织实施。具备岸电使用条件的船舶靠港应当按照国家有关规定使用岸电，但使用清洁能源的除外。

2.3.1.2 《中华人民共和国黄河保护法》

2022 年 10 月 30 日，中华人民共和国第十三届全国人民代表大会常务委员会第三十七次会议通过《中华人民共和国黄河保护法》，自 2023 年 4 月 1 日起施行。

《中华人民共和国黄河保护法》涉及水运行业环保的有关条款主要有：加强外来入侵物种防治，减少油气开采、围垦养殖、港口航运等活动对河口生态系统的影响。国家加强黄河流域水生生物产卵场、索饵场、越冬场、洄游通道等重要栖息地的生态保护与修复。对鱼类等水生生物洄游产生阻隔的涉水工程应当结合实际采取建设过鱼设施、河湖连通、增殖放流、人工繁育等多种措施，满足水生生物的生态需求。

2.3.1.3 《中华人民共和国湿地保护法》

2021 年 12 月 24 日，中华人民共和国第十三届全国人民代表大会常务委员会第三十二次会议通过《中华人民共和国湿地保护法》，自 2022 年 6 月 1 日起施行。

《中华人民共和国湿地保护法》涉及水运行业环保的有关条款主要有：

国家严格控制占用湿地。禁止占用国家重要湿地，国家重大项目、防灾减灾项目、重要水利及保护设施项目、湿地保护项目等除外。

建设项目选址、选线应当避让湿地，无法避让的应当尽量减少占用，并采取必要措施减轻对湿地生态功能的不利影响。建设项目规划选址、选线审批或者核准时，涉及国家重要湿地的，应当征求国务院林业草原主管部门的意见；涉及省级重要湿地或者一般湿地的，应当按照管理权限，征求县级以上地方人民政府授权的部门的意见。

在湿地范围内从事旅游、种植、畜牧、水产养殖、航运等利用活动，应当避免改变湿地的自然状况，并采取措施减轻对湿地生态功能的不利影响。在重要水生生物产卵场、索饵场、越冬场和洄游通道等重要栖息地应当实施保护措施。经依法批准在洄游通道建闸、筑坝，可能对水生生物洄游产生影响的，建设单位应当建造过鱼设施或者采取其他补救措施。

2.3.1.4 《中华人民共和国大气污染防治法》

《中华人民共和国大气污染防治法》（2018 年修订）第七十二条提出：贮存煤炭等易产生扬尘的物料应当密闭；不能密闭的，应当设置不低于堆放物高度的严密围挡，并采取有效覆盖措施防治扬尘污染。第四十七条提出：原油成品油码头、原油成品油运输船舶和油罐车、气罐车等，应当按照国家有关规定安装油气回收装置并保持正常使用。

2.3.1.5 《中华人民共和国水污染防治法》

《中华人民共和国水污染防治法》第五十九条提出"船舶排放含油污水、生活污水，应当符合船舶污染物排放标准"；第六十一条提出"港口、码头、装卸站和船舶修造厂应当备有足够的船舶污染物、废弃物的接收设施"。

2.3.2　中央有关文件

2.3.2.1　《交通强国建设纲要》

2019 年 9 月，中共中央、国务院发布《交通强国建设纲要》，在该纲要 "七、绿色发展节约集约、低碳环保" 中提出：促进资源节约集约利用，加强土地、海域、无居民海岛、岸线、空域等资源节约集约利用。强化节能减排和污染防治，优化交通能源结构，推进新能源、清洁能源应用；严格执行国家和地方污染物控制标准及船舶排放区要求，推进船舶、港口污染防治。强化交通生态环境保护修复，严守生态保护红线，严格落实生态保护和水土保持措施，严格实施生态修复；推进生态选线选址，强化生态环保设计，避让耕地、林地、湿地等具有重要生态功能的国土空间。此外，还提出优化运输结构，加快推进港口集疏运铁路专用线等 "公转铁" 重点项目建设，推动铁水、公水等联运发展。

2.3.2.2　《国家综合立体交通网规划纲要》

2021 年 2 月，中共中央、国务院印发《国家综合立体交通网规划纲要》，该纲要在 "（二）工作原则" 中提到：加快推进绿色低碳发展，交通领域二氧化碳排放尽早达峰，降低污染物及温室气体排放强度，注重生态环境保护修复，促进交通与自然和谐发展。在 "（三）推进绿色发展和人文建设" 中提到：推进绿色低碳发展，促进交通基础设施与生态空间协调，最大限度保护重要生态功能区、避让生态环境敏感区。实施交通生态修复提升工程，构建生态化交通网络。加强科研攻关，改进施工工艺，从源头减少交通噪声、污染物、二氧化碳等排放。加强可再生能源、新能源、清洁能源装备设施更新利用和废旧建材再生利用等。

2.3.2.3　《大气污染防治行动计划》

2013 年 9 月国务院印发的《大气污染防治行动计划》提出：研究和推广岸电使用、船舶尾气脱硫脱硝技术，在重点区域、核心港口率先实施船舶排放控制区措施，进行综合应用示范；在原油成品油码头积极开展油气回收治理。

2.3.2.4 《水污染防治行动计划》

《水污染防治行动计划》在"（四）加强船舶港口污染控制"中提出：积极治理船舶污染，航行于中国水域的国际航线船舶，要实施压载水交换或安装压载水灭活处理系统。增强港口码头污染防治能力，编制实施全国港口、码头、装卸站污染防治方案；加快垃圾接收、转运及处理处置设施建设，提高含油污水、化学品洗舱水等接收处置能力及污染事故应急能力。

2.3.2.5 《中共中央 国务院关于深入打好污染防治攻坚战的意见》

2021 年 11 月，《中共中央 国务院关于深入打好污染防治攻坚战的意见》印发，文件中与水运行业绿色低碳发展和生态保护等相关的内容主要有：加快推动绿色低碳发展，以能源、工业、城乡建设、交通运输等领域和钢铁、有色金属、建材、石化化工等行业为重点，深入开展碳达峰行动。加强"三线一单"成果在政策制定、环境准入、园区管理、执法监管等方面的应用。聚焦夏秋季臭氧污染，大力推进挥发性有机物和氮氧化物协同减排。以石化、化工、涂装、医药、包装印刷、油品储运销等行业领域为重点，安全高效推进挥发性有机物综合治理。持续打好柴油货车污染治理攻坚战，不断提高船舶靠港岸电使用率，大力发展公铁、铁水等多式联运。持续打好长江保护修复攻坚战，扎实推进城镇污水垃圾处理和工业、农业面源、船舶尾矿库等污染治理工程。着力打好重点海域综合治理攻坚战，加强船舶港口、海洋垃圾等污染防治，推进重点海域生态系统保护修复。健全国家环境应急指挥平台，推进流域及地方环境应急物资库建设，完善环境应急管理体系。

2.3.2.6 《2030 年前碳达峰行动方案》

2021 年 10 月，国务院印发了《2030 年前碳达峰行动方案》（国发〔2021〕23 号），该方案将"交通运输绿色低碳行动"列入重点任务的"碳达峰十大行动"，具体包括推动运输工具装备低碳转型，加快老旧船舶更新改造，发展电动、液化天然气动力船舶，深入推进船舶靠港使用岸电，因地制宜开展沿海、内河绿色智能船舶示范应用；构建绿色高效交通运输体系，大力发展以铁路、水路为骨干的多式联运，推进工矿企业、港口、物流园区等铁路专用线建设，加快内河高等级航道网建设，加快大宗货物和中长距离货物运输"公转铁""公转水"，"十四五"期间，集装箱铁水联运量年均增长 15% 以上；加快绿色交通基础设施建设等。

2.3.2.7　《打赢蓝天保卫战三年行动计划》

2018 年 6 月 27 日，国务院印发《打赢蓝天保卫战三年行动计划》（国发〔2018〕22 号），在"四、积极调整运输结构，发展绿色交通体系"中提出：大力推进海铁联运，全国重点港口集装箱铁水联运量年均增长 10% 以上。在环渤海地区、山东省、长三角地区，2018 年年底前，沿海主要港口和唐山港、黄骅港的煤炭集港改由铁路或水路运输；2020 年采暖季前，沿海主要港口和唐山港、黄骅港的矿石、焦炭等大宗货物原则上主要改由铁路或水路运输。重点区域港口新增和更换的作业机械主要采用清洁能源或新能源；加快港口码头岸电设施建设。2019 年年底前，调整扩大船舶排放控制区范围，覆盖沿海重点港口。推动内河船舶改造，加强颗粒物排放控制，开展减少氮氧化物排放试点工作。文件把积极调整运输结构，发展绿色交通体系作为重点措施之一，要求大力发展多式联运，依托铁路物流基地、公路港、沿海和内河港口等，推进多式联运型和干支衔接型货运枢纽（物流园区）建设，加快推广集装箱多式联运；推进船舶更新升级，推广使用电、天然气等新能源或清洁能源船舶；加强船舶污染防治，推动靠港船舶使用岸电，加快港口码头和机场岸电设施建设；研究制定内河大型船舶用燃料油标准和更加严格的汽柴油质量标准，制定更严格的船舶大气污染物排放标准。

2.3.2.8　《国务院办公厅关于加强长江水生生物保护工作的意见》

2018 年 9 月 24 日，国务院办公厅印发了《国务院办公厅关于加强长江水生生物保护工作的意见》（国办发〔2018〕95 号），文件要求坚持保护优先和自然恢复为主，强化完善保护修复措施，全面加强长江水生生物保护工作。以严守生态保护红线、环境质量底线和资源利用上线，坚持尊重自然、顺应自然、保护自然的理念，坚持上下游、左右岸、江河湖泊、干支流有机统一的空间布局为基本原则，开展生态修复、拯救濒危物种、加强生境保护、完善生态补偿、加强执法监管、强化支撑保障、加强组织领导，进一步强化涉水工程监管，完善生态补偿机制，以达到长江流域生态环境明显改善，水生生物栖息生境得到全面保护，水生生物资源显著增长，水域生态功能有效恢复的目标。

2.3.2.9 《国务院关于加强滨海湿地保护严格管控围填海的通知》

2018 年 7 月 14 日，国务院印发了《国务院关于加强滨海湿地保护严格管控围填海的通知》（国发〔2018〕24 号）。文件指出，要进一步加强滨海湿地保护，严格管控围填海活动。取消围填海地方年度计划指标，除国家重大战略项目外，全面停止新增围填海项目审批。党中央、国务院、中央军委确定的国家重大战略项目涉及围填海的，由国家发展改革委、自然资源部按照严格管控、生态优先、节约集约的原则，会同有关部门提出选址、围填海规模、生态影响等审核意见，按程序报国务院审批。同时，加快处理围填海历史遗留问题，加强海洋生态保护修复。原则上不受理未完成历史遗留问题处理的省（自治区、直辖市）提出的新增围填海项目申请；对已经划定的海洋生态保护红线实施最严格的保护和监管，全面清理非法占用红线区域的围填海项目。

2.3.2.10 《关于划定并严守生态保护红线的若干意见》

2017 年 2 月，中共中央办公厅、国务院办公厅印发了《关于划定并严守生态保护红线的若干意见》。生态保护红线是指在生态空间范围内具有特殊重要生态功能、必须强制性严格保护的区域，是保障和维护国家生态安全的底线和生命线。对于生态保护红线，要科学划定，切实落地。落实环境保护法等相关法律法规，统筹考虑自然生态整体性和系统性，开展科学评估，按生态功能重要性、生态环境敏感性与脆弱性划定生态保护红线，并落实到国土空间，系统构建国家生态安全格局。要坚守底线，严格保护。牢固树立底线意识，将生态保护红线作为编制空间规划的基础。强化用途管制，严禁任意改变用途，杜绝不合理开发建设活动对生态保护红线的破坏。

2.3.3　行业部门有关文件

2.3.3.1　《内河航运发展纲要》

2020 年 5 月，交通运输部发布《内河航运发展纲要》（交规划发〔2020〕54 号），在"（四）践行资源节约环境友好的绿色发展方式"中提出：加强船舶港口污染防治，研究推动船舶排放控制区政策向全国内河延伸；加快推进长江干线等重点航道沿线的港口船舶污染物接收转运、化学品洗舱站、危险化学品锚地等设施建设和常态化运行；统筹推动既有码头环保设施升级改造和新建码头环保设施建设使用。加大新能源清洁能源推广应用力度，推进船舶靠港使用岸电；加强港口节能减排技术应用。强化内河航运生态保护修复，严守生态保护红线，将资源节约和保护环境的理念贯穿于内河水运规划、设计、施工、养护和运营全过程，推进绿色航道、绿色港口建设。推进早期建设航运设施的生态修复工程，强化对重要生态功能区的生态保护与修复。实施港区绿化工程，引导港口采用多种措施开展陆域、水域生态修复。

2.3.3.2　《绿色交通"十四五"发展规划》

2021 年 10 月，交通运输部印发实施《绿色交通"十四五"发展规划》，提出的发展目标：到 2025 年，交通运输领域绿色低碳生产方式初步形成，基本实现基础设施环境友好、运输装备清洁低碳、运输组织集约高效，重点领域取得突破性进展，绿色发展水平总体适应交通强国建设阶段性要求。规划提出了绿色交通"十四五"发展具体目标，包括减污降碳、用能结构、运输结构等指标。

绿色发展规划主要任务在"（一）优化空间布局，建设绿色交通基础设施"中提出：强化国土空间规划对交通基础设施规划建设的指导约束作用；进一步加强交通基础设施规划和建设项目环境影响评价；强化交通建设项目生态选线选址，将生态环保理念贯穿交通基础设施规划、建设、运营和维护全过程；合理有序开发港口岸线资源，发展集约化和专业化港区。深入推进绿色港口和绿色航道建设，全面提升港口污染防治、节能低碳、生态保护、资源节约循环利用及绿色运输组织水平，持续推进绿色港口建设工作。推动内河老旧码头升级改造，积极推进散乱码头优化整合和有序退出，鼓励开展陆域、水域生态修复。加大绿色航道建设新技术、新材料、新工艺和新结构引进和研发力度。

在"（二）优化交通运输结构，提升综合运输能效"中提出：推进港口、大型工矿企业大宗货物主要采用铁路、水运、封闭式皮带廊道、新能源和清洁能源汽车等绿色运输方式。推进新增和更换港口作业机械、港内车辆和拖轮、货运场站作业车辆等优先使用新能源和清洁能源。深入推进内河 LNG 动力船舶推广应用，指导落实长江干线、西江航运干线、京杭运河 LNG 加注码头布局方案，推动加快内河船舶 LNG 加注站建设。加快现有营运船舶受电设施改造，不断提高受电设施安装比例。

在"（四）坚持标本兼治，推进交通污染深度治理"中提出：严格落实船舶大气污染物排放控制区各项要求，会同相关部门保障船用低硫燃油供应。统筹加强既有码头自身环保设施维护管理和新建码头环保设施建设使用，确保稳定运行，推进水资源循环利用。加快推进干散货码头堆场防风抑尘设施建设和设备配置。有序推进原油、成品油码头和船舶油气回收设施建设、改造及使用。提升水上化学品洗舱站运行效果，鼓励西江航运干线布局建设水上洗舱站，提高化学品洗舱水处置能力。

2.3.3.3 《船舶与港口污染防治专项行动实施方案（2015—2020 年）》

2015 年，交通运输部印发《船舶与港口污染防治专项行动实施方案（2015—2020 年）》，方案在"工作目标"中提出：主要港口 90% 的港作船舶、公务船舶靠泊使用岸电，50% 的集装箱、客滚和邮轮专业化码头具备向船舶供应岸电的能力；主要港口 100% 的大型煤炭、矿石码头堆场建设防风抑尘设施或实现封闭储存等。

在"主要任务"中提出：推进设立船舶大气污染物排放控制区。积极开展港口作业污染专项治理。加强港口作业扬尘监管，开展干散货码头粉尘专项治理，全面推进主要港口大型煤炭、矿石码头堆场防风抑尘设施建设和设备配备；推进原油成品油码头油气回收治理；协同推进船舶污染物接收处置设施建设；积极推进 LNG 燃料应用；大力推动靠港船舶使用岸电，开展码头岸电示范项目建设，加快港口岸电设备设施建设和船舶受电设施设备改造；提升污染事故应急处置能力，建立健全应急预案体系，加强应急演练，提升油品、危险化学品泄漏事故应急能力。

2.3.3.4　《港口和船舶岸电管理办法》

2019 年，交通运输部发布《港口和船舶岸电管理办法》，提出：码头工程项目单位应当按照法律法规和强制性标准等要求，对新建、改建、扩建码头工程（油气化工码头除外）同步设计、建设岸电设施。在船舶大气污染排放控制区靠泊的中国籍船舶，需要满足大气污染排放要求加装船舶受电设施的，相应水路运输经营者应当制定船舶受电设施安装计划并组织实施。具备受电设施的船舶（液货船除外），在沿海港口具备岸电供应能力的泊位靠泊超过 3 h，在内河港口具备岸电供应能力的泊位靠泊超过 2 h，且未使用有效替代措施的，应当使用岸电；船舶、码头岸电设施临时发生故障，或者恶劣气候、意外事故等紧急情况下无法使用岸电的除外。

2.3.3.5　《关于建设世界一流港口的指导意见》

2019 年，交通运输部等九部门联合印发《关于建设世界一流港口的指导意见》（交水发〔2019〕141 号），文件在"（二）加快绿色港口建设"提到：着力强化污染防治，推进港口和船舶污染防治攻坚，开展既有码头环保设施升级改造；推动市县人民政府依法统筹规划建设港口船舶污染物接收、转运、处置设施，加强分类管理、有效处置和利用；强化散货作业防尘抑尘措施，推进原油、成品油装船码头油气回收；严格实施危险废物、船舶水污染物转移联合监管制度。构建清洁低碳的港口用能体系，完善港口 LNG 加注、岸电标准规范和供应服务体系；完善船舶大气污染物排放控制区，协同推进、大力提升船舶靠港岸电使用率；鼓励新增和更换港口作业机械、港内车辆和拖轮等优先使用新能源和清洁能源，加快提升港口作业机械和车辆清洁化比例。加强资源节约循环利用和生态保护，严格落实围填海管控政策，严格管控和合理利用深水岸线；实施既有设施设备改造，推广应用节能节水新技术、新工艺；综合利用航道疏浚土、施工材料、废旧材料；推进港区生产生活污水、雨污水循环利用；实施港区绿化工程，引导有条件的港口开展陆域、水域生态修复。

2.3.3.6 《交通运输部办公厅 国家发展改革委办公厅关于严格管控长江干线港口岸线资源利用的通知》

2019 年，《交通运输部办公厅 国家发展改革委办公厅关于严格管控长江干线港口岸线资源利用的通知》（交办规划〔2019〕62 号）印发，通知中要求依法打击违法利用港口岸线行为，加大非法码头治理和整改力度，严防未批先建、占而不用、多占少用港口岸线现象反弹；优化已有港口岸线使用效率，包括规范提升老码头使用效率，整合闲置码头和公务码头资源；严格管控新增港口岸线，包括严控港口岸线总规模，沿江各港规划的港口岸线总规模只减不增，不得突破原规划规模，严控危险化学品码头岸线。此外，还提出保障集约绿色港口发展岸线，推进港口岸线精细化管理等要求。

2.3.3.7 《交通运输部办公厅 生态环境部办公厅 住房和城乡建设部办公厅关于建立完善船舶水污染物转移处置联合监管制度的指导意见》

2019 年，《交通运输部办公厅 生态环境部办公厅 住房和城乡建设部办公厅关于建立完善船舶水污染物转移处置联合监管制度的指导意见》（交办海〔2019〕15 号）印发，明确建立和完善船舶水污染物转移处置联合监管制度，强化部门联合执法，共同打击船舶水污染物和危险废物非法转移处置行为，促进绿色发展。防止船舶水污染非法排放、转移处置污染环境，是打好污染防治攻坚战的重要任务之一。根据船舶水污染物转移处置特点，文件指出，各部门要针对船舶水污染物转移处置的关键环节，联合建立全链条闭环管理机制，应用先进技术装备降低处置能耗与成本，加强信息平台整合和数据资源共享，提升联合监管能力。文件要求，船舶水污染转移处置各环节应实施分类管理：对船舶营运产生的水污染物在船上应依法合规地分类储存、排放或转移处置；通过船舶或港口接收船舶水污染物，或通过船舶转移的，由交通运输（港口）、海事部门根据职责实施分类管理；在岸上转移处置的船舶水污染物，由生态环境、环卫、城镇排水主管等部门根据职责实施分类管理。文件要求，船舶水污染物接收、转移和处置，包括临时储存与预处理、转移、多次运输的，均应通过单证实现前后端有效衔接。鼓励建立监管信息系统，实现"电子单证"流转。要加强统筹规划建设，把船舶水污染物转移处置设施与城市公共设施有效衔接。

2.3.3.8　《船舶压载水和沉积物管理监督管理办法（试行）》

2019 年，中华人民共和国海事局印发《船舶压载水和沉积物管理监督管理办法（试行）》（海危防〔2019〕15 号），文件中明确了对船舶及其所有人或经营人、港口及从事压载水和沉积物接收作业的单位和人员的要求；船舶压载水置换、处理要求，船舶排放压载水的报告制度，拟使用港口压载水接收处理设施的船舶管理要求以及岸上、水上接收处理设施管理要求；压载水管理系统型式认可的申请、评估及签发程序；压载水和沉积物管理的免除规定；以及压载水和沉积物的监督管理要求。该文件第七条提出：鼓励港口经营人或从事港口服务的单位建设压载水接收处理设施，以应对船舶压载水管理系统故障或其他突发状况导致的无法满足公约要求的情况。

2.3.4　环评管理与事中事后监管文件

为应对行业环评审批权限下放，落实"放管服"要求，进一步明确和统一各级环评审批部门的管理要求，提高环评文件编制质量，近年来生态环境部门进一步加强了水运行业环评管理和事中事后监管要求。

2.3.4.1　环评审批管理

2016 年发布《航道建设项目环境影响评价文件审批原则（试行）》，2018 年发布《港口建设项目环境影响评价文件审批原则（试行）》，以指导和规范地方生态环境部门审批水运建设项目。

在行业重大变动判定方面，为统一行业重大变动判定原则，针对行业工程及环境影响特点，发布了《港口建设项目重大变动清单（试行）》（环办〔2015〕52 号）。

2.3.4.2　环评分类管理

2020 年修订发布了《建设项目环境影响评价分类管理名录（2021 年版）》。与2018 年版相比，该名录主要调整了油气、液体化工码头项目的报告书编制类别，由原来的"新建；扩建"调整为现在的"新建；岸线、水工构筑物、吞吐量、储运量增加的扩建；装卸货种变化的扩建"，主要把部分工程量较小、环境影响不大的改扩建油气、液体化工码头项目调整为编制报告表，更符合实际情况。

2.3.4.3 环评质量管理

在技术复核方面，环境保护部于 2016 年起开始组织对地方环保部门审批的建设项目开展技术复核工作，其中水运建设项目在抽查的交通建设项目中占据了一定比例。通过技术复核发现行业在环评文件编制及审批中存在的主要问题，并进行问题公开和处罚，有力地促进了建设单位、评价单位及地方生态环境部门对行业环评文件质量的重视，提高了环评能效。

在环评文件质量监督管理方面，为规范建设项目环境影响报告书和环境影响报告表编制行为，加强监督管理，保障环境影响评价工作质量，维护环境影响评价技术服务市场秩序，生态环境部于 2019 年 9 月 20 日发布《建设项目环境影响报告书（表）编制监督管理办法》（部令 第 9 号），规定了建设项目环评文件编制要求、监督检查、信用管理等要求。

2.3.4.4 竣工环保验收管理

在企业自主环保验收方面，为强化落实企业主体责任，取消了建设项目竣工环保验收行政许可，改为企业编制验收报告自行自主验收。2017 年 10 月，环境保护部发布《建设项目竣工环境保护验收暂行办法》（国环规环评〔2017〕4 号），以规范建设项目竣工后建设单位自主开展环境保护验收的程序和标准。

2.3.4.5 后评价管理

在环境影响后评价方面，2016 年 1 月实施《建设项目环境影响后评价管理办法（试行）》（环境保护部令 第 37 号），明确了后评价的定义、应开展后评价的情形、后评价应包括的主要内容、开展时限和责任要求。

2.3.4.6 排污许可管理

2020 年 2 月 28 日发布实施了《排污许可证申请与核发技术规范 码头》（HJ 1107—2020），该标准规定了专业化干散货码头（煤炭、矿石）、通用散货码头排污单位排污许可证申请与核发的基本情况填报要求、许可排放限值确定和合规判定的方法，以及自行监测、环境管理台账与排污许可证执行报告等环境管理要求，提出了污染防治可行技术要求、颗粒物无组织年排放量与实际排放量核算的参考方法。

2.3.5　环境保护标准规范

2.3.5.1　大气污染防治

2015 年，发布《煤炭矿石码头粉尘控制设计规范》，主要内容包括对总平面布置的要求，装卸设备、堆场、汽车转运等粉尘控制要求等。2021 年 9 月，发布实施《港口大气污染物排放清单编制技术指南　第 1 部分：集装箱码头》（JTS/T 163—1—2021）。

2017 年，发布《码头油气回收设施建设技术规范（试行）》，规范码头油气回收设施建设标准；2020 年，发布《储油库大气污染物排放标准》（GB 20950—2020）和《油品运输大气污染物排放标准》（GB 20951—2020），提出了码头油气回收设施油气排放标准和油船改造要求；2022 年 9 月，住房和城乡建设部发布《油气回收处理设施技术标准》。

2018 年，发布《船舶大气污染物排放控制区实施方案》，其控制范围包括沿海（12 n mile 以内）以及长江干线、西江干线的通航水域，对控制区内的船用燃油硫含量提出明确要求，2019 年 1 月 1 日起船舶进入沿海控制区均应使用硫含量不大于 0.5% 的船用燃油；开始向 0.1% 的超低硫油过渡，要求自 2020 年 1 月 1 日起，海船进入内河控制区要使用 0.1% 的超低硫油，自 2022 年 1 月 1 日起，海船进入海南水域要使用 0.1% 的超低硫油。

2.3.5.2　水污染防治

2018 年，发布《船舶水污染物排放控制标准》《船舶水污染防治技术政策》，规定了船舶向环境水体排放含油污水、生活污水、含有毒液体物质的污水和船舶垃圾的排放控制要求和污染防治要求。

2.3.5.3 生态保护

2021 年，发布《内河航道绿色建设技术指南》（JTS/T 225—2021），适用于河流、湖泊、水库等新建、改建、扩建内河航道工程的绿色建设，工程内容主要包括护岸、护滩、护底、筑坝、疏浚、清礁等。发布《水运工程生态保护修复与景观设计指南》（JTS/T 183—2021），适用于新建、改建和扩建的海港工程和以潮汐作用为主的河口，既有河流水文特性又受潮汐影响的河港工程的生态保护修复与景观设计。

2.3.5.4 溢油风险防范

2017 年，发布《水上溢油环境风险评估技术导则》，适用于船舶、港区储罐、码头、装卸站等设施发生的水上溢油事故风险评估，可作为区域和水运工程建设项目环境风险评价的技术依据。发布《港口码头水上污染事故应急防备能力要求》，规定了港口码头水上污染物事故的应急防备能力目标，应急设施、设备和物资配备要求，配套设施、设备要求以及应急管理要求。

2.3.5.5 综合

2018 年，发布《水运工程环境保护设计规范》（JTS 149—2018），适用于新建、改建和扩建港口、航道、航运枢纽、通航建筑物和修造船水工建筑物等水运工程的环境保护设计。

2020 年，发布《绿色港口等级评价指南》，总结了我国绿色港口建设的经验，突出了岸电、液化天然气推广应用、船舶污染物接收处置、油气回收等行业重要环保措施。

2021 年，发布《水运工程建设项目环境影响评价指南》（JTS/T 105—2021），该指南是在《内河航运建设项目环境影响评价规范》（JTJ 227—2001）和《港口建设项目环境影响评价规范》（JTS 105-1—2011）基础上进行整合修订，总结了多年来我国水运工程建设项目环境影响评价的实践经验，深化和细化了生态环境部印发的环境影响评价系列导则和技术规范，总结形成了水运工程环境影响评价内容、评价方法和技术要求，供水运工程建设单位、项目环境影响评价单位参考使用。

第 3 章

污染防治与生态保护措施

3.1 大气污染防治

3.1.1 干散货码头粉尘污染控制

3.1.1.1 干散货码头分布及运输现状

（1）我国干散货运输体系。

港口行业经过多年发展，全国已基本形成环渤海、长江三角洲、东南沿海、珠江三角洲、西南沿海等 5 个沿海规模化港口群及内河港口群，包括 24 个沿海港口和 28 个内河港口。

①环渤海地区港口群。

环渤海地区港口群由辽宁、津冀和山东沿海港口群组成，服务于我国北方沿海和内陆地区的社会经济发展。沿线亿吨级大港有大连港、天津港、青岛港、秦皇岛港、日照港，占全国沿海亿吨大港的一半。其中，辽宁沿海港口群以大连东北亚国际航运中心和营口港为主，津冀沿海港口群以天津北方国际航运中心和秦皇岛港为主，山东沿海港口群以青岛港、烟台港、日照港为主。

②长江三角洲地区港口群。

长江三角洲地区港口群依托上海国际航运中心，以上海、宁波、连云港等港口为主，充分发挥舟山、温州、南京、镇江、南通、苏州等地的沿海和长江下游港口的作用，服务于长江三角洲以及长江沿线地区的经济社会发展，是在五大港口群中发展最快、实力最强的一个，已成为推动全国"经济列车"前进的重要引擎。上海港、宁波-舟山港作为长三角港口群的代表，成为长三角经济发展乃至全国经济发展的核心和重要支撑。

③东南沿海地区港口群。

东南沿海地区港口群以厦门港、福州港为主，包括泉州、莆田、漳州等港口，服务于福建省和江西等内陆省份部分地区的经济社会发展以及对台"三通"的需要。港口的发展带动了临港工业的布局，满足了福建对外贸易的需求，保障了海峡两岸的经贸交流，在促进海峡西岸经济崛起中作用明显。

④珠江三角洲地区港口群。

珠江三角洲地区港口群由粤东和珠江三角洲地区港口组成。该地区港口群依托香港地区经济、贸易、金融、信息和国际航运中心的优势，在巩固香港地区国际航运中心地位的同时，以广州港、深圳港、珠海港、汕头港为主，相应发展汕尾、惠州、虎门、茂名、阳江等港口，服务于华南、西南部分地区，加强广东省和内陆地区与港澳地区的交流。以港口为中心的现代物流业，已成为珠江三角洲地区港口群所在城市的重要支柱产业之一，对于该地区综合实力的提升、综合运输网的完善等，正发挥着越来越重要的作用。

⑤西南沿海地区港口群。

在我国大陆沿海港口群中，西南沿海港口群特色鲜明，港口群由粤西、广西沿海和海南省的港口组成。该地区港口的布局以湛江港、防城港港、海口港为主，相应发展北海、钦州、洋浦、八所、三亚等港口。虽然该港口群集装箱运输起步较晚，但近年来发展势头锐不可当。由于背靠腹地深广、资源富集、发展潜力巨大的广西、贵州、云南、四川、重庆、西藏6省（自治区、直辖市），又面向不断升温的东盟经济圈，港口在助推我国西部崛起，为海南省扩大与岛外的物资交流提供运输保障，已成为中国与东盟开展经济贸易交流的"黄金通道"。

（2）干散货运输格局。

沿海大宗货物整体流向主要取决于沿海、内陆腹地经济和产业结构，以主要港口为支撑，已形成煤炭、原油、铁矿石和集装箱等"四大货类"运输体系、五大港口群服务地区（见表3-1）。例如，以北方沿海秦皇岛、唐山、天津、黄骅、青岛、日照、连云港等 7 港为主的煤炭装船港和以华东、华南沿海公用和企业专用煤炭卸船码头为主构成的"北煤南运"煤炭运输系统；由大连、营口、青岛、上海、宁波-舟山、湛江等港口的 10 万～30 万 t 级泊位构成的铁矿石运输系统。

表 3-1 沿海五大港口群、主要港口及服务地区

序号	五大港口群		主要港口	服务地区
1	环渤海地区港口群	辽宁沿海港口群	大连港、营口港	东北三省和内蒙古东部地区
		津冀沿海港口群	秦皇岛港、天津港	京津、华北及其西向延伸的部分地区
		山东沿海港口群	青岛港、烟台港、日照港	山东半岛及其西向延伸的部分地区
2	长江三角洲地区港口群		上海港、宁波-舟山港、连云港港	长江三角洲及长江沿线地区
3	东南沿海地区港口群		厦门港、福州港	福建和江西等内陆省份部分地区
4	珠江三角洲地区港口群		广州港、深圳港、珠海港、汕头港	华南、西南部分地区，加强广东省和内陆地区及港澳地区的交流
5	西南沿海地区港口群		湛江港、广西北部湾港、海口港	西部地区开发，为海南省扩大与岛外的物资交流提供运输保障

（3）我国干散货运输泊位情况。

①煤炭泊位现状。

2019 年年底，全国拥有 10 万 t 级及以上的煤炭泊位 51 个，其中环渤海地区港口群 33 个（占 64.7%），位于唐山港的曹妃甸港区（11 个），唐山港的京唐港区（8 个）、秦皇岛港（3 个）、天津港（3 个）、青岛港（3 个）、日照港（3 个）及黄骅港（2 个）。我国 10 万 t 级及以上煤炭泊位情况见表 3-2。

表 3-2 我国 10 万 t 级及以上煤炭泊位

港口	泊位名称	主要用途	泊位长度/m	靠泊能力/万 t 级	通过能力/万 t	建成年份
秦皇岛港	煤四期#706	装船泊位	341	10	1 000	1997
	煤五期#902	装船泊位	343	15	5 000	2006
	煤五期#903	装船泊位	282	10	（五期）	2006
黄骅港	#203 泊位	装船泊位	840	10	3 000	2004
	煤四期	装船泊位	1 072.5	10	5 000	2014

港口	泊位名称	主要用途	泊位长度/m	靠泊能力/万t级	通过能力/万t	建成年份
唐山港京唐港区	#32~#34	装船泊位	770	10	3 000	2008
	#36	接卸泊位	428	15	1 400	2014
	#37	接卸泊位	428	15	1 400	2014
	#38~#40	装船泊位	856	10	2 800	2015
唐山港曹妃甸港区	挖入式西侧	装船泊位	1 514（一期）	10	5 000	2008
	挖入式西侧	装船泊位		10	（一期）	2008
	国投	装船泊位	1 179（续建）	15	5 000	2012
	国投	装船泊位		15	（续建）	2012
	国投	装船泊位		10	—	2012
	秦港股份	装船泊位	1 455（二期）	10	5 000	2012
	秦港股份	装船泊位		10	（二期）	2012
	华能四期	装船泊位	—	10	5 000	2016
	华能四期	装船泊位	—	10	（四期）	2016
	华电三期	装船泊位	1 470	10	5 000（总）	2019
	华电三期	装船泊位		10		2019
天津港	南九	装船泊位	1 100（7-10）	20	4 300	2002
	南十	装船泊位		20		2002
	神华	装船泊位	890	15	4 500	2006
青岛港	前湾港区	装船泊位	566	10	1 500	1995
	前湾港区	装船泊位	566	10	1 500	1995
	前湾港区	装船泊位	420	20	2 300	1999
日照港	煤#1	装船泊位	844	15	4 500	1985
	煤#2	装船泊位		15		1985
	南作业区#7	装船泊位	261	10	2 500（一期）	2019
苏州港	太仓港区	中转泊位	300	10	1 200	2014
宁波-舟山港	穿山港区	接卸泊位	520	15	900	2012
	六横码头	中转泊位	400	15	1 000	2009
福州港	罗源湾可门	中转泊位	450	15	1 200	2009
	国电码头	接卸泊位	285	10	680	2013

港口	泊位名称	主要用途	泊位长度/m	靠泊能力/万t级	通过能力/万t	建成年份
莆田港	湄洲湾	接卸泊位	—	10	1 500	2016
泉州港	鸿山热电厂	接卸泊位	310	10	513	2010
虎门港	沙角电厂	接卸泊位	297	10	—	2016
珠海港	神华	接卸泊位	590	10	2 000	2012
	神华	接卸泊位		10		2012
	北顺岸	接卸泊位	349	10	1 500	2014
茂名港	粤电煤炭码头	接卸泊位	786.72（总）	10	1 000	2019
汕头港	海门港区	接卸泊位	627	15	1 340	2018
湛江港	#300	中转泊位	349	15	800	2010
钦州港	广西天盛	中转泊位	352	10	900	2010
防城港港	#20	接卸泊位	630	15	3 000	2012
	#21	接卸泊位		15		2012
	#22	接卸泊位		15		2012

②矿石泊位现状。

截至 2019 年年底，全国拥有 10 万 t 级及以上矿石泊位 65 个，2019 年新建成矿石码头 1 个（天津港南疆#27 通用码头 20 万 t 级通用散货泊位），其中靠泊能力可达 30 万 t 级及以上的铁矿石泊位 20 个。其中，环渤海地区港口群 36 个（占 55.4%），分别位于唐山港（10 个）、天津港（5 个）、青岛港（4 个）、营口港（4 个）及日照港（3 个）、烟台港（3 个）。我国主要 10 万 t 级及以上矿石泊位情况见表 3-3。

表 3-3　我国 10 万 t 级及以上矿石泊位

港口	泊位名称	主要用途	水深/m	泊位长度/m	靠泊能力/万t级	通过能力/万t	建成年份
丹东港	大东港区	矿石码头	—	450	20（兼 30）	1 100	2014
大连港	大孤山半岛	矿石泊位	−23	436	30	2 300	2004
	大孤山半岛	转水泊位	−18.6	450	15	2 300	2006
营口港	鲅鱼圈#16	通用散货泊位	−15.5	340	20	195	2006
	鲅鱼圈#17	通用散货泊位	−20	405	20	1 200	2004

港口	泊位名称	主要用途	水深/m	泊位长度/m	靠泊能力/万t级	通过能力/万t	建成年份
营口港	鲅鱼圈#18	通用散货泊位	−16	330	10	400	2002
	鲅鱼圈#26	矿石泊位	−25	452	30	1 800	2010
唐山港	曹妃甸#1	矿石专用泊位	−25	—	25	1 500	2005
	曹妃甸#2	矿石码头	−25	—	25	1 500	2005
	曹妃甸二期	矿石码头	−25	792	25（兼30）	3 200	2010
	曹妃甸二期	矿石码头	−25		25（兼30）		2010
	曹妃甸三期	矿石码头	−25	790	23（兼38.8）	3 500	2012
	曹妃甸三期	矿石码头	−25				2012
	京唐港区	矿石码头	−13.5	394	10	500	2003
	京唐港区	矿石码头	−19.5		20	3 500	2011
	京唐港区	矿石码头	−19.5	855	20		2011
	京唐港区	矿石码头	−19.5		20	800	2014
黄骅港	散货港区	矿石码头	−20	736	20	3 000	2014
	散货港区	矿石码头	−20		20		2014
天津港	北疆	矿石码头	−19	466	10	600	1999
	南疆#11	通用散货泊位	−20.8	431	20	1 400	2004
	南疆#12	散货泊位	−20.8	375	20（兼25）	1 000	2006
	南疆#26	矿石码头	−20.8	400	30	2 300	2013
	南疆#27	通用散货泊位	—	390	20（兼30）	980	2019
青岛港	#65	矿石通用泊位	−14.1	300	10	1 020	1993
	#76	矿石通用泊位	−21	420	20	2 300	1999
	#87	矿石通用泊位	−14.1	315	15	800	2005
	董家口港区	矿石码头	−24.5	510	30（兼40）	2 900	2010
	董家口港区	转水泊位	−15	372	20		2010
日照港	东#10	矿石泊位	−20.5	381	20	3 500	2005
	东#11	矿石泊位	−24.5	391	30		2005
	岚桥	接卸泊位	−22	450	30（兼40）	2 240	2015
秦皇岛港	#301	矿石码头	−17	410	20	2 000	2003

港口	泊位名称	主要用途	水深/ m	泊位长度/ m	靠泊能力/ 万 t 级	通过能力/ 万 t	建成 年份
烟台港	#63、#64	通用散货码头	−16	418	20	680	2006
	#65、#66	通用散货码头	−20	608	20		2007
	西港区	矿石码头	−26	400	30	1 600	2013
宁波- 舟山港	北仑矿石#1	接卸泊位	−18.2	351	10	3 000	1982
	北仑矿石#2	矿石码头	−20.5	360	20（兼 30）		1994
	武港码头	矿石码头	−27	388	25（兼 30）	3 000	2013
	马迹山一期	接卸泊位	−24.2	456	25（兼 30）	1 000	2002
	马迹山二期	接卸泊位	−24.2	465	30	3 000	2007
	鼠浪湖岛	接卸泊位	−26.8	400	30	1 300	2015
	鼠浪湖岛	装船泊位	−17.5	400	10	1 300	2015
	鼠浪湖岛	接卸泊位	−26.8	479	40	1 300	2018
上海港	宝钢#1、#2	原料码头	−12.5	644	20	2 200	1999
	宝钢#8、#9	原料码头	−12.5	621	20		2006
	罗泾#1	矿石接卸码头	−12.5	770	20	2 200	2007
	罗泾#2	矿石接卸码头	−12.5		20		2007
连云港港	庙岭港区	矿石泊位	−18.2	345	15	700	2004
	旗台港区	矿石码头	−22.5	410	15	1 200	2009
	旗台港区	矿石码头	−22.5	345	30		2009
	旗台港区	矿石码头	−23.1	410	25	1 500	2017
南通港	狼山三期	矿石泊位	−15.2	710	10	1 500	2006
	狼山三期	矿石码头	−15.2		10		2006
苏州港	太仓武港	矿石码头	−16.5	1 095	20（兼 25）	3 600	2013
	太仓武港	矿石码头	−16.5		15		（扩建）
福州港	可门港区	干散货码头	−27.5	395	30	1 500	2011
厦门港	海伦港区#7	通用散货码头	−17.5	325	12（兼 15）	95	2007
珠海港	高栏港区	散货码头	−16.2	308	15（兼 20）	800	2011
	高栏港区	散货码头	−16.2	360	15（兼 20）	800	2012
湛江港	霞山区#400	矿石码头	−18.9	412	20（兼 25）	1 500	2005
	霞山港区	散货码头	—	450	30	1 500	2014

港口	泊位名称	主要用途	水深/m	泊位长度/m	靠泊能力/万t级	通过能力/万t	建成年份
湛江港	调顺区#300	矿石码头	−15.1	349	15	1 600	2009
	东岛港区	散货码头	—	856	30	2 000	2015
	东岛港区	散货码头	—		25		2015
防城港港	#18	矿石码头	−19.5	462	20	1 500	2007
莆田港	吴东港区罗屿作业区#9	矿石接卸	—	386	30（兼40）	1 600	2018

③万吨级及以上散货泊位布局。

至 2019 年年底，我国万吨级及以上泊位比上年增加 76 个，其中 10 万 t 级及以上泊位增加 21 个，沿海港口万吨级及以上泊位增加 69 个，内河港口万吨级及以上泊位增加 7 个。我国万吨级及以上的煤炭、矿石泊位分布与数量见表 3-4。

表 3-4　我国万吨级及以上泊位构成　　　　　　　　　　单位：个

泊位用途	2019 年	2018 年	同比增加
通用散货泊位	559	531	28
通用件杂货泊位	403	396	7
专业化泊位	1 332	1 297	35
其中：煤炭泊位	256	252	4
金属矿石泊位	84	85	−1
散装粮食泊位	39	41	−2

（4）我国干散货运量情况。

①煤炭运量情况。

2019 年，我国港口完成煤炭及制品吞吐量 26.26 亿 t，同比增长 4.4%；其中环渤海地区港口完成煤炭吞吐量 6.58 亿 t（占 25.1%）。全国煤炭吞吐量超过亿吨的港口有唐山港、黄骅港、秦皇岛港和苏州港。其中，秦皇岛港、黄骅港分别为大秦线、朔黄线的配套下水港口，担负着"西煤东调"和"北煤南运"重要任务（见表 3-5）。

表 3-5　2018—2019 年主要港口煤炭吞吐量

排名	港口	吞吐量	增速	排名	港口	吞吐量	增速
1	唐山	2.89 亿 t/a	9.78%	6	泰州	8 824 万 t/a	10.12%
2	黄骅	2.07 亿 t/a	−2.66%	7	宁波-舟山	7 966 万 t/a	−8.26%
3	秦皇岛	1.94 亿 t/a	−5.17%	8	南京	7 756 万 t/a	9.13%
4	苏州	1.31 亿 t/a	−5.2%	9	天津	7 433 万 t/a	8.50%
5	江阴	9 079 万 t/a	43.04%	10	广州	7 039 万 t/a	−8.93%

我国持续推进煤炭增优减劣，有序发展能源优质先进产能。自 2016 年出台供给侧结构性改革政策以后，全国煤炭市场供需格局发生了巨大变化，将年产量 30 万 t 以下的小煤矿进行分类处置，加大淘汰关闭力度。在淘汰落后产能的同时，煤炭优质产能加速释放，向资源富集地区进一步集中，山西、内蒙古、陕西和新疆原煤产量占全国的 76.8%。2019 年，煤炭市场整体供大于求，我国港口煤炭码头供求关系维持基本面不变，然而煤炭生产环境发生了极大变化。煤炭产量与铁路发运量、港口发送量的差距在减少，主要是铁路运力在不断提高，缓解了供应紧张问题。随着长运距通道的打通，对港口的依赖性减弱，港口发送量增幅不断降低，新增煤炭码头能力都将成为富余运力，港口间的竞争将继续加剧。目前吞吐量超过 3 000 万 t，同时又存在发送和进口的港口仅为唐山港、天津港和日照港 3 个，同时存在发送或者进口的港口有 8 个，说明码头的专业化程度较高，结合大码头的建设生产情况及国家对环境的要求来看，新建全覆盖型码头会逐渐替代单一老码头。煤炭码头要在激烈的竞争中取得一席之地，必须创新发展，走高质量发展之路。

②矿石运量情况。

2018 年全国港口完成金属矿石吞吐量达 22.2 亿 t，同比增长 2.6%，其中铁矿石吞吐量 18.89 亿 t。全国铁矿石吞吐量超过亿吨的港口有宁波-舟山（2.62 亿 t）、唐山（2.17 亿 t）、日照等 5 个，合计占 63.6%，均位于环渤海、长江三角洲地区港口群。因铁矿石进口及转运量由北方港口向南转移，北方天津港、青岛港吞吐量出现下降，而长江三角洲地区港口转运量显著增加（见表 3-6）。

表 3-6 2019 年主要港口铁矿石吞吐量

排名	港口	吞吐量/（亿 t/a）	排名	港口	吞吐量/（亿 t/a）
1	宁波-舟山	2.62	6	连云港	0.82
2	唐山	2.17	7	江阴	0.80
3	日照	1.65	8	天津	0.79
4	青岛	1.33	9	上海	0.63
5	苏州	1.09	10	湛江	0.56

2019 年，没有大码头的长江内河 8 港完成了 3.48 亿 t 的铁矿石吞吐量，长江流域对铁矿石的需求量还是稳健的，从吞吐量与进口接卸量的比重数值来看，上海港和宁波-舟山港的大数值对应的是水水中转的高比例，是运输结构调整提倡的做法。从大码头能力与进口接卸量对比来看，能力缺口最大接近 8 000 万 t，能力富余最大超过 3 000 万 t；按照相对值，能力缺口最多近 60%，能力富余最多近 80%，能力不平衡问题比较严重。

3.1.1.2 干散货码头粉尘污染工艺环节

干散货码头粉尘污染主要来源于散货的装卸、堆存和输运环节，由于码头间存在地域、基础设施的专业化水平、转运方式等差异，起尘方式也不尽相同，本节对散货从进港至出港所涉及的不同工艺流程造成的粉尘污染特点进行梳理分析。

（1）卸车/卸船环节。

①进港火车翻车卸料。

对于专业化水平较高的散货码头，此环节是煤炭进港的第一个转运环节，按翻车能力可以分为"单翻"、"双翻"和"三翻"。翻车机卸煤系统用机械的自动化控制，卸车效率高，作业量大，因此产生的一次源强较大，散货港口一般都为翻车机系统配套建设相应的翻车机房，翻车作业在半封闭的建筑设施内进行（见图 3-1，彩色插页）。

②进港火车螺旋卸料。

对于专业化水平较低的散货码头，进港煤炭采用螺旋卸车机卸料，火车轨道两侧建设有输运皮带机坑道，煤炭经坑道进入皮带机流程。该环节一般采取露天作业，并辅以人工或者机械进行火车清底，粉尘污染较相当严重（见图 3-2，彩色插页）。

③抓斗卸船至皮带机。

对于专业化水平较高的散货码头，卸料抓斗将散货由船舱转移至卸船机卸料漏斗，散货经漏斗定量、匀速地卸至皮带机。抓斗卸船一次卸料量较大，而且处于码头前沿，受风速气象条件影响较大，如不加以控制，粉尘污染较严重（见图 3-3，彩色插页）。

④抓斗卸船至前沿堆场。

对于专业化水平较低的散货码头，先通过抓斗将散货由船舱转移至码头前沿堆场，抓斗释放瞬间造成较大的粉尘污染，卸至前沿堆场的散货再采用铲车装车，汽运至后方堆场存储，此倒运过程均在动态中完成，存在许多不确定因素，粉尘污染相当严重。一些散货码头通过总结经验，对卸船环节进行了技术改造，通过建设卸料直接装车设施，减少了铲车装车环节，粉尘污染也在一定程度上得到了控制（见图 3-4，彩色插页）。

（2）转运环节。

①皮带机变向转接点。

散货码头根据作业流程需要，通过建设具有高度差的皮带机完成大角度转向，不同走向皮带机通过全封闭料斗以及配套建设的转接塔楼（见图 3-5，彩色插页），消除散货转向落差造成粉尘污染。该环节处于全封闭设施内，粉尘污染较小。

②皮带机输运。

皮带机输运是当今散货码头普遍采取的转运工艺，皮带机运输速度较快，大大提高了散货接卸效率（见图 3-6，彩色插页）。除为保证大机（装卸船机、堆取料机）运行无法实施全封闭的部分皮带机外，其他段位皮带机一般采取了全封闭措施抑制和消除了散货高速运转造成的粉尘污染，该环节起尘主要源于高速运行造成散货洒落、无法封闭皮带机段以及堆场内堆取料皮带机机头转向点造成的粉尘污染。

③汽车输运。

散货码头汽车转运分为以下几种：一是通过汽运将码头前沿卸船散货转运至

堆场;二是散货堆场内部的倒垛作业以及将取料机无法取到的地面部分散货归集至其他垛位等;三是极少数的散货码头也存在通过汽运将火车卸料转运至堆场;四是通过汽运将散货运至距离码头较近的散货需求企业。汽车运输环节粉尘污染主要源于散货装车以及运输过程中的二次扬尘,对于堆场地面未实施硬化的老旧码头以及不利气象条件下,粉尘污染相当严重。

(3)堆料环节。

①堆料机堆料。

对于专业化水平较高的散货码头,经皮带机流程输运至堆场存储的散货经过堆料机卸至堆场堆存(见图 3-7,彩色插页)。该环节由于堆料机头与地面有一定落差,高速下落的散货在外界风气象因素作用下易造成粉尘污染。

②装载机堆料。

对于专业化水平较低的散货码头,经汽车输运至堆场的散货通过装载机将物料堆高。由于装载机堆料高度存在一定的局限性,部分散货堆场为了进一步堆高,通过挖掘机逐层堆高。该环节主要是散货运输、卸车、装载机及挖掘机堆高作业的动态扰动起尘较严重。

(4)堆存环节。

现阶段,堆场区域散货一般采取多堆存储(见图 3-8,彩色插页),而堆场又处于露天开放状态,散货料堆在风力作用下,细颗粒物料从堆垛表面脱离造成粉尘的无组织排放,这也是散货堆场粉尘污染治理的难点。

(5)取料环节。

①取料机取料。

对于专业化水平较高的散货码头,一般采用斗轮取料机对堆场内的料堆实施取料作业然后进入皮带机输运流程(见图 3-9,彩色插页)。该环节起尘主要由斗轮取料机对料堆的扰动引起,在外界风力作用下取料作业起尘较严重。

②装载机取料。

散货装载机取料主要针对汽车运输的装料环节(见图 3-10,彩色插页),该环节起尘主要由装载机对料堆的扰动以及装载机对地面洒落的散货物料扰动引起,在外界风力作用下取料作业起尘较严重。

（6）装车/装船环节。

①装船机装船。

对于专业化水平较高的散货码头，一般采用码头前沿的装船机对到港船舶实施装船作业（见图 3-11，彩色插页）。除常见的大型装船机外，少数内河散货码头同样采用装船机装船，但前段皮带机流程采用基坑式入料，堆场至基坑落料处仍然依托汽运。装船环节起尘主要由于装船机落料口与船舱存在落差，而且码头前沿处于开阔地域，在外界风气象因素影响下，装船作业起尘较严重。

②装车机装车。

该环节主要通过装车机对输出散货实施火车装车、汽车装车，装车机通常分为固定式和移动式，固定式装车机一般配套建设半封闭设施，需要装车的火车或汽车从落料口下方经过，通过卸料系统完成装车；移动式装车机一般仅针对火车装车，通过装车机的移动卸料完成对停靠火车的装车。该环节起尘主要由散货落料口与装载汽车、火车仓底形成的落差，在外界风气象因素影响下，起尘较严重。

3.1.1.3　干散货码头粉尘污染控制技术

（1）干散货码头扬尘污染控制技术。

①风障抑尘技术。

A. 防风抑尘网。

防风抑尘网对于抑制散货堆场风蚀起尘，其本质在于降低堆场区域风速，从而降低散货颗粒的起动风速。散货物料的起动风速不仅与粒径有关，还与含水率有关，含水率对小粒径颗粒的影响要高于大粒径颗粒。以煤炭颗粒为例，其起动风速风洞试验结果表明：对于小于 500 μm 的煤粉颗粒普遍存在随着含水率提高其起动风速显著增加的现象。对于粒径超过 500 μm 的大煤粉颗粒，其起动风速几乎不随含水率的变化而发生改变；极细小的煤粉颗粒，其起动风速随着含水率的增大迅速增大。这与直观的判断是吻合的。大颗粒比表面积小，颗粒之间的吸附作用小，含水量的提高不会促成更大颗粒的出现，而细小煤粉颗粒会因含水量的增加而凝聚成较大的颗粒，此时的起动风速反映了更大粒径的物理行为。至于在含水率大于 5%之后，对于粒径在 45～125 μm 的颗粒，临界起动风速反而随着粒径的增大而下降，这是因为粒径越小越容易凝聚成大颗粒。

由于网外气象参数是随时间不断变化的，所以对防风网作用效果分析时，防风网后的风速也是随时间变化的，网外参考点的速度变化较网后的速度变化大，经过防风网的遮挡后，风速得到衰减，衰减幅度在 9%～70%，平均衰减幅度在50%以上。从这点可以看出，防风网能够有效降低来流风速，从而削弱了散货料堆表面的流速，从而使料堆表面的颗粒起尘概率减小。通过实测统计，在防风网的有效遮蔽区域内，防风网具有明显的防风和抑尘效果。防风网后测点速度衰减随着网后距离的增加呈现先减小后增加的趋势，而网后粉尘浓度值随着网后距离的增加而增加，最后趋于稳定。

国家环境保护总局于 2007 年开始强化干散货码头项目堆场粉尘治理措施后，防风网抑尘技术被散货码头广泛应用。从技术角度来看，由于散货堆场面积较大，而防风网的掩护距离又存在一定局限性，虽然防风网建设能够缓解散货堆场静态风蚀起尘，但若不辅以堆场喷淋等措施，其效果并不十分显著。散货码头堆场防风抑尘网建设见图 3-12（彩色插页）。

B. 堆场封闭。

堆场封闭技术主要指筒仓、条形仓及球形仓等全封闭设施。此项技术可以完全隔绝堆场与外界环境，从根本上解决散货堆场的粉尘污染问题。

散货堆场筒仓封闭技术是直接将散货物料置于筒状封闭空间内，仅通过卸料和出料口与外界接触，将常规的散货物料的露天无组织排放变为有组织排放，可从根本上解决散货堆场的风蚀起尘。对于电力、矿山行业确实存在一定优势，电力、矿山行业货种单一、计划性强，采用封闭堆场形式能够满足其生产工艺和功能需求，国内应用实例较多。而对于大型的散货码头堆场，除神华黄骅港煤三期筒仓堆场外，无其他应用实例，主要由于筒仓封闭技术在大型散货堆场的应用存在一定的局限性。主要原因包括两方面：一方面，散货码头接卸散货一般要求按照"分货主、分货种"堆存，有些煤码头有多达 30 个以上煤种，加上货主不同，堆场分堆一般不低于 100 个堆垛。由于筒仓本身建设费用较高，大部分港口企业无法承担；另一方面，目前国内散货在港平均堆存时间均比较长（一般为 7～15 d），遇到销售淡季存储时间会更长，采用筒仓封闭储存的情况下，煤炭易发生自燃、堵料等，存在一定的安全隐患。在这种前提下，鉴于散货煤炭码头生产运营具有种类多、货主多、管理分散等特点，港口堆场应相应具有容量大、易分堆、适应长时间堆存的特点，因此筒仓封闭技术在公用码头应用还受到许多因素的制约。

散货堆场条形仓封闭技术的功能主要是大型的储存库房，所以必须具有一定的储存和作业空间，即结构必须能满足一定的净空要求，它的有效使用空间的截面形状是梯形，作业空间的包络线接近弧形。条形仓结构的长度、宽度和高度根据总平面布置情况、物料堆存高度和斗轮堆取料机的作业要求等综合确定。由于条形仓结构跨度较大，建设过程中需格外注意以下几方面的安全问题：一是设计安全。条形仓结构采用的设计、制作、安装、验收等规程均是平板网架的规程，这与实际空间结构情况有区别。因此，建议进行条形仓设计时应考虑其在风荷载作用下的动力特性如地震作用的影响分析等。二是施工安全。不同的条形仓结构形式有多种施工方案。每一种施工方案对结构构件和整体的制作安装质量、施工人员的素质、施工机械、施工工期及施工成本等都有一定的要求，而这些要求就构成了条形仓结构施工可行性分析的基本要素。三是运营安全。因为缺乏相关管理经验，在实际堆存时未按设计进行堆存，造成堆煤失控，超过设计堆煤区范围，甚至堆到条形仓地面基础部位，钢制支撑结构长期受到煤堆积压，易发生变形；作业不规范也会使杆件受到铲运机械的撞击，严重时出现部分杆件断裂，从而影响结构安全。

目前，大型散货堆场全封闭技术应用实例较少，如神华黄骅港煤三期建设了48 个储煤筒仓，国投曹妃甸煤二期 17#、18#堆场采用了跨度 103 m、顶高 40 m 的条形仓，球形仓或干煤棚在电厂配套煤炭堆场应用较多。散货码头堆场全封闭设施见图 3-13（彩色插页）。

C. 堆垛苫盖。

堆垛苫盖是通过人工将堆垛表面覆盖一层聚乙烯密目网或帆布等，使堆垛隔绝外界环境，避免起尘。目前，港口通过人工苫盖具有一定的抑尘效果且使堆垛美观。但有不少港口反映，现普遍使用的聚乙烯密目网强度低、光滑、重量轻、易兜风，在海风环境下其使用寿命低，再加上夏季温度高，更加快了苫盖物的老化速度，从而容易出现缺口，使其防尘能力严重降低。这不仅造成了资源的浪费，而且苫盖和拆垛的工序烦琐，存在塌垛等安全隐患，不利于港口作业的提速增效。散货堆场苫盖抑尘见图 3-14（彩色插页）。

D. 抑尘剂技术。

抑尘剂技术是通过抑尘剂与水按一定比例混合，喷洒在煤堆表面，从而起到抑制风蚀起尘的作用，抑尘剂主要分为高分子抑尘剂、环保型抑尘剂及功能型抑尘剂三大类。

高分子抑尘剂是利用物化制品的黏着力将表面尘粒黏结在一起或增加尘粒之间的黏结强度使表面粉尘成团或物料表层结壳，从而达到防止起尘的目的。同时，又考虑了固化抑尘剂喷洒到物料表层后有适宜的渗透深度，在散料表层形成一定厚度和强度的固化层，从而达到防止散料损失和抑尘目的，以满足不同固化抑尘要求。根据高分子形成固化层的特点，高分子抑尘剂可分为两类，即壳型抑尘剂和软膜型抑尘剂。其中，壳型抑尘剂是指干燥后形成很脆的壳层的一类高分子抑尘剂，壳型抑尘剂一般加入聚乙烯醇、羧甲基纤维素、聚丙烯酸钠等市面上常见的有机高分子材料，及其接枝交联共聚物，成本较低，制作难度不大，适合大规模生产；软膜型抑尘剂是指抑尘剂液体干燥后形成具有一定韧性的软膜，与聚乙烯醇类壳型抑尘剂相比，软膜型抑尘剂提高了固化层的柔韧性和抗破裂能力。

环保型抑尘剂其制备原料主要来源于工业废品、生产副产品、生活垃圾等，由此生产出的产品不仅成本低，而且对环境保护减少污染做出了巨大贡献。例如，以废纸为原料制得羧甲基纤维素，对废塑料瓶进行降解制得乙二醇，使用生产生物柴油的副产品丙三醇（即甘油）等，都可以经过进一步加工，得到有一定抑尘效果的抑尘剂，有些甚至比市场销售的成品抑尘剂的效果还要好。目前，国内对环保型抑尘剂的研究多放在对天然植物纤维、树木分泌的天然物质（烷基氢化菲树脂酸等）改性，玉米秸秆、麦秸、稻草或变质陈化粮的改性集成等方面。

功能型抑尘剂主要针对特定的抑尘环境，研究复配具有特殊抑尘效果的专用抑尘剂。例如，对于煤堆抑尘，不仅要求抑尘剂具有很好的抑尘特性，还要求其具有一定的防自燃性能。对功能型抑尘剂的研究主要集中在防自燃、防冻、防腐蚀3个方面。施春红等改进了煤矿传统的防火抑尘方法，推出了一种新型防火抑尘剂，并提出了两种有效使用该抑尘剂的方法，不仅可以有效防止采空区煤层的自燃，还可以抑制粉尘的二次飞扬；高效防火抑尘材料和防冻型抑尘剂同样也取得了较大的研究成果。

化学抑尘剂具有抑尘效果好、抑尘周期长、生产工艺相对简单、综合效益高、环境友好等优点。目前，化学抑尘剂已广泛应用于煤炭及矿物开采、运输、装卸、堆放、露天散货料场等易产生扬尘的领域和场所。对于一次投资较大的堆场封闭技术，堆垛苫盖或者喷洒抑尘剂是较好的临时替代技术，也可起到堆垛与外界环境隔离的效果，避免风蚀起尘。

E. 防风林带。

防风林带是人工的吸尘器，由于树木高大、树冠能减小风速，可降尘。树木滞尘的方式有停着、附着和黏着 3 种。防尘树种的选择应选择树叶的总叶面积大、叶面粗糙多绒毛，能分泌黏性油脂或汁浆的树种。防风防尘林带的滞尘能力的大小和树叶的大小、枝叶的疏密、树叶表面的粗糙程度等因素有关。在产生粉尘的堆场外围，以及敏感建筑物周围要种植各种乔木、灌木和绿篱，组成浓密的树丛，发挥其阻挡和过滤作用。针对港口散货堆场的特点可因地制宜地选用不同的树种作为防风防尘林带树种。

北方港口宜选用刺槐、槐树、毛白杨、白榆、丝棉水、泡桐、油松、加杨、白蜡、悬铃木、桧柏等；长江港口宜选用刺槐、槐树、龙柏、广玉兰、重阳木、女贞、夹竹桃、悬铃木等；南方港口宜选用刺槐、槐树、凤凰木、女贞苦楝、夹竹桃、银桦、海桐、蓝桉、梧桐、木麻黄、相思等。

目前，防风林带通常是防风网的辅助措施，一般建设于防风网外侧，起到进一步降低堆场风速、抑制粉尘扩散、降噪以及美化环境的作用。

②湿法喷淋技术。

A. 堆场洒水喷淋。

堆场洒水除尘系统是目前散货露天堆场抑制扬尘最主要的手段，喷洒水从形式上可以分为定点自动喷洒和流动机械喷洒两大类。前者的自动化程度很高，被广泛采用于散货堆场，具备很好的抑尘效果和使用效率，但北方港口冬季由于气温较低，自动喷洒除尘受到一定的限制。流动机械喷洒使用灵活，不受气候条件的限制，对局部作业防尘起到很好的抑制作用。

散货码头企业一般通过建设蓄水池、增压泵房以及堆场布设洒水管网与喷枪，实现堆场洒水喷淋除尘。现有堆场洒水系统主要由配电系统、PLC 控制系统及上位机监控系统组成。但实际的堆场喷洒水量会受到煤炭含水率、风速、堆垛高度和装卸方式等因素的影响，如何准确估算这些影响因素与喷洒水作业时间的关系仍是值得研究和探讨的课题。散货码头堆场洒水喷淋见图 3-15（彩色插页）。

B. 移动式和定点式射雾器。

射雾器是通过将水雾化成与粉尘大小相当的水珠，经强风动装置将水珠喷洒至空中，粉尘颗粒随气流运行过程中与水珠颗粒产生接触而变得湿润，被湿润的粉尘颗粒继续吸附其他粉尘颗粒而逐渐聚结成粉尘颗粒团，并在重力作用下沉降，从而达到抑尘的目的。射雾器单点作业粉尘污染覆盖面积大，对 200 μm 及以下粉尘具有较好的捕捉能力，散货码头运用的射雾器主要分为移动式和定点式两种（见图 3-16，彩色插页）。

C. 高压雾化喷淋。

通过管道加压，配合可调节出水形态的雾化喷头形成的高压水流或水幕，在外界风作用力的影响下，不易偏移除尘目标环节，常用于取料机斗轮处、堆料机落料口、翻车机房以及皮带机机头等起尘部位。高压雾化喷淋对散货作业环节的抑尘效果主要取决于喷嘴的选型与起尘粒径，在相同耗水量的情况下，雾滴粒径越小，雾滴数目就越多，与粉尘接触机会就越多，进而提高捕尘效果。然而，如果雾滴太小对降尘效果会有所影响，粒径太小的雾滴包裹尘粒之后会继续随风流运移；其次，更有可能会发生已捕集了尘粒的微细液滴受蒸发影响，尘粒"逃逸"的情况，从而直接降低了雾滴捕集粉尘的效果。

D. 洒水车路面增湿。

路面洒水增湿主要为抑制散货场区车辆行驶引起的二次扬尘污染，主要方式是通过洒水车对路面实施洒水。目前，散货码头都配备有洒水车，由于其机动性强的特点，除日常路面洒水外，还用于局部堆垛喷淋、喷洒抑尘剂等方面。

③干雾抑尘技术。

近十年来，干雾抑尘技术被广泛应用于散货码头局部环节除尘，与传统单一的喷洒水相比，干雾抑尘技术具有除尘效果显著、节约水资源的优势，在散货码头封闭或半封闭设施局部环节除尘逐步取代了喷洒水。干雾抑尘系统采用模块化设计技术，主要由电控模块、多功能模块、流量控制模块、雾箱模块以及喷雾器组件与电伴热系统组成。干雾形成是利用压缩空气和水分别通过喷头的进气口和进水口进入喷头，在喷头的内部出口处会合，由于喷头的特殊设计，压缩空气在喷头出口处的速度超过音速而产生音爆，音爆的能量将水爆炸成相对较小的水雾颗粒，而后进入共振室。共振室振子能将音爆的能量和压缩空气的冲击波反射产生强震波，将较小的水雾颗粒再次爆炸，产生成千上万直径为 1～10 μm 的水雾颗粒，在捕捉 5 μm 以下的可吸入浮尘方面具有其他抑尘设备无法比拟的优点，被应用于翻车机房、转接塔落料口、卸船机落料斗等环节（见图 3-17，彩色插页）。

④干式除尘技术。

干式除尘技术主要应用于散货码头相对封闭的设施内部除尘，比较常见的是布袋除尘技术与静电除尘技术，投资建设费用较高，随着干雾抑尘技术的日趋成熟，干式除尘技术在散货码头的应用也越来越少。

A. 布袋除尘技术。

布袋除尘技术在散货堆场除尘方面应用较早，主要用于翻车机房与转接塔环节。通过在落料处设置进气口，通过负压将含尘气流抽入箱体进风通道，再反向上进入粉尘室，大粉尘颗粒在气流转向时，由于重力和离心作用直接进入灰斗，细小粉尘颗粒气体由布袋外表面过滤后由出风口排出，由螺旋输送系统运至指定地点。布袋除尘技术在散货堆场的应用见图 3-18（彩色插页）。

B. 静电除尘技术。

与布袋除尘技术类似，静电除尘技术也主要用于散货码头的翻车机房与转接塔环节，其原理是通过负压使粉尘经过电离状态下的两极空间，使粉尘荷电，荷电粉尘在电场力的作用下移动并聚集在电极上，通过振动电极，粉尘从电极上成片状脱落至灰斗中，由输送系统运至指定地点。静电除尘技术在散货堆场的应用见图 3-19（彩色插页）。

⑤道路抑尘技术。

道路抑尘技术主要针对散货码头场区内部由于车辆运输造成的二次扬尘污染，对于以汽运为主的散货码头，其道路二次扬尘污染相当严重，除加强人工清理、路面增湿洒水及控制车速外，比较常见的路面抑尘措施是在港区车辆通行主要路段修建洗轮机。洗轮机系统一般包括冲洗区、沥水区、清水蓄水池、一级沉淀池、二级沉淀池、电气控制系统、高压冲洗水泵、污水泵及其管路喷嘴，对通过车辆轮胎与底盘进行清洗，减少散货堆场汽运二次扬尘。

⑥其他辅助技术。

散货码头除上述粉尘污染控制技术外，同时采用以下辅助方法或技术设备，减少和抑制散货粉尘。

A. 链斗卸船技术。

链斗式连续卸船机在环保方面的优势主要体现在其对扬尘的控制，链斗机在工作时，头部挖掘部位一直在船舱内，在挖掘的同时可以配备洒水系统，有效对挖掘过程中产生的扬尘加以控制。链斗式连续卸船机见图 3-20（彩色插页）。

B. 管带机技术。

散货码头皮带机一般采用加装防尘罩实施全封闭，避免散货转运粉尘污染。目前，对于长距离皮带机运输，一些港口采用了管带机技术，通过设置上、下两套呈正切六边形布置的托轴组，皮带通过托轴组时自动卷曲成封闭筒状，使散货一直处于密闭转运状态。散货管带机长距离输运，其优势在于高效环保，无须配套转接塔就能形成大弧度的转弯。日照港部分采用管带机将铁矿石直接输送至日钢、山钢，实现了部分矿石作业不落地（见图 3-21，彩色插页）。

C. 皮带机密闭。

皮带机防尘罩的主要作用是封闭皮带机，从而抑制和消除散货高速运转造成的粉尘污染。对于码头前沿皮带机，少数小规模煤炭码头采用与卸船机同步行走的皮带实施了全封闭（见图 3-22，彩色插页）。

D. 装船机溜筒。

装船机溜筒的主要作用是减小装船机落料口至船舱的落差，从而减小粉尘产生，其形式主要分为固定式与伸缩式。装船机溜筒见图 3-23（彩色插页）。

部分煤炭港口为减少装船煤炭破碎率，保证煤炭质量，设计了装船机卸料曲线溜槽及螺旋式溜筒，使物料装船落差进一步降低，同时减小装船环节粉尘污染。

E. 场路隔离设施。

散货堆场一般采用隔离墩等设施，对堆场和道路实施隔离，一是可以避免堆垛表面的散货滑落至路面，造成道路二次扬尘污染；二是防止码头流动机械随意在堆场和道路间行走，保障通行安全。

F. 场路清扫设备。

场路清扫主要是通过清扫车对道路沉积的散货粉尘进行清理，道路清扫车兼具清扫、吸尘与洒水功能；堆场清扫车一般只具备清扫功能。

G. 港区绿化。

加强港区绿化也是降低散货粉尘扩散的重要手段，同时可以起到美化环境的作用。

（2）干散货码头扬尘污染控制技术适用性分析。

通过对以往散货堆场扬尘控制研究资料收集，根据现有除尘技术特点，从适用环节、除尘效率以及优缺点方面分析不同作业工艺、除尘技术对于干散货码头粉尘污染控制的适用性，并对适用于同一环节的不同工艺或抑尘措施的优缺点进行对比分析。

①防风网、筒仓与条形仓对比分析。

A. 环保方面。

从工艺模式的应用上，封闭堆存（筒仓、条形仓）具有使用方便、保护环境、节省占地等诸多优点，尤其环保方面，封闭堆场方案可将堆取料作业过程中产生的扬尘封闭在特定空间内，具有防雨雪、防风沙、保证煤炭成分、湿度稳定等优点。

露天堆场配套防风网方案，具有占地面积大、粉尘污染源分布广等缺点。通过对不同散货码头的调研，散货堆场起尘点较大的部位主要是堆场和物料转接点，其常规抑尘技术是在起尘区域配备干式除尘系统或湿式除尘系统，如在堆场内采用洒水除尘、物料转接点则可以采用干式除尘和湿式除尘相结合的除尘方案。在采用相应环保措施后，散货码头作业区粉尘排放量总体上可以控制在国家或地方环保标准要求范围内，但露天堆场与封闭堆场在环保方面仍存在一定差距。

B. 投资方面。

为了更方便地对比分析各方案的优缺点，仅对堆存系统进行对比，其中与翻卸工艺系统的分界点为翻堆线的进场皮带机（含进场皮带机），与装船系分界点为装船线的场端皮带机（含场端皮带机）。

露天堆场需要配套建设的装卸设备有堆料机、取料机；干煤棚内的装卸设备为堆取料机，筒仓需要配套建投卸料小车、活化给料机。根据《黄骅港煤堆场防风网工程工报告》，防风网高 23 m，长 1 627.7 m，工程造价约 5 330 万元；《唐山港曹妃甸港区码头续建工程可行性研究补充报告》建设一座长 110 m、跨度 100 m、高 40 m 的条形仓；黄骅港三期工程建设高 43 m、直径 40 m、仓容 3 万 t 的筒仓，结合 3 个工程的散货场内堆存量、周转期以及抑尘措施投资，分别估算单位堆存量抑尘措施直接投资费用。其中，露天堆存方式为 0.91 元/t、条形仓为 105.8 元/t、筒仓为 1 153.6 元/t。因此，筒仓封闭堆场的堆存成本最高，露天堆场配套建设条形仓的堆存成本次之，露天堆场配套建设防风网的堆存成本最低。

C. 安全方面。

煤炭具有自燃特性，堆存时间越长，自燃特性越明显。根据分析煤炭所需的氧气、粒度和散热差等几个特定条件，完全封闭堆存可能会引起煤炭自燃导致筒仓爆炸的风险，相比之下，条形仓堆煤系统会安全些。

D. 堆场利用率方面。

每个筒仓的尺度确定后，容量是固定的，且只能堆存一个货种，因此适合于大批量单一煤种的堆存需要，若小批量货种多时，仓容量利用率将会低，而露天堆存方案则可以根据煤炭批量大小、煤种与货主的不同，按要求灵活调整堆垛在堆场中的布置。

从秦皇岛港实际统计资料分析，平均堆存期通常在 15～20 d，部分货种的存期甚至达到几个月以上，这部分货种若采用筒仓堆存，需进行大量的倒仓工作，干扰了码头、堆场、卸车系统的正常运营，为正常生产管理带来一定的难度。

E. 实际使用经验方面。

随着社会经济的发展和科学技术的进步，筒仓从粮食、建材、冶金、煤炭到电力等行业均有应用，并且积累了一定的使用经验。目前，筒仓存在数量少、规模小、功能单一。与港口工程相比，其建设规模、功能需求、生产特点均存在较大差别，虽然可以借鉴煤炭电力行业的经验，但与露天堆场方案相比，露天堆场方案是国内外普遍采用的堆存工艺，在沿海各大散货港口已有多年使用经验，运营、管理经验成熟。

综上所述，散货封闭式储存可从根本上解决粉尘无组织排放，大大减少企业排污税，但其建设费用较高，存在一定的风险，对于货种多、周转期长的散货堆场存在一定的不适用性，实际应用较少。

②布袋除尘与静电除尘对比分析。

A. 除尘效率方面。

布袋除尘技术是传统的除尘技术，除尘效率高，应用范围较为广泛，除黏结性粉尘外几乎可以适用各种粉尘，布袋除尘器又称过滤式除尘器，它利用纤维编织而成的袋子来收集空气中的固体颗粒物，一般能保证出口处的排放浓度在 50 mg/m^3（标态）以下，除尘效果最高可达 30 mg/m^3（标态）以下。目前最新研制的布袋除尘器的除尘效率高达 99.9%以上，基本实现了粉尘零排放。

静电除尘技术适用比电阻为 $10^4 \sim 10^{11}$ Ω·cm 的粉尘，除尘效率较高，应用范围相对有限，其静电除尘器的除尘效率低于布袋除尘器，且无法应用于易爆性粉尘清理，应用范围较窄。

B. 日常运行与检修方面。

布袋除尘器结构相对简单，运行较为稳定，可通过设置检测检修平台，维护人员随时观测气流和布袋的使用情况，安全性好，日常基本无须维护。静电除尘器自动控制相对复杂，设备安全防护严格，管理要求较高，其机械传动部分多，需要专业维修人员。

C. 建设投资方面。

根据港口调研了解，一般排放浓度小于 200 mg/m^3 的情况下，初次投资布袋除尘器比静电除尘器（四电场）高 10%左右；排放浓度都达到环保要求的 50 mg/m^3 以下情况的，初次投资布袋除尘器比静电除尘器（五电场）低 10%左右。对于静电除尘器，由于其除尘器体积大，占用空间也相对较大。

D. 运行费用方面。

布袋除尘器主引风机电耗高，清灰系统电耗低；静电除尘器主引风机电耗低，电场吸附粉尘产生电晕电耗高。总体而言，两种除尘器电耗相差不大，一般情况下，布袋除尘器比四电场的静电除尘器电耗低，比三电场的静电除尘器电耗高。

布袋除尘器的滤袋寿命一般为 $3 \sim 5$ a，为保证除尘效率，到达使用年限的布袋需进行更换；静电除尘器则需要更换电场的阴、阳极板和清灰振打系统，一般 $5 \sim 8$ a 更换一次，费用较高。

综上所述，两种除尘器除尘效率均较高，投资、运行与维护费用相差无几，但静电除尘器占地面积大，与布袋除尘器相比，实际应用较少。对于北方冬季湿法除尘无法实施，干式除尘技术可以作为动态作业除尘的补充手段。

③苫盖与抑尘剂对比分析。

A. 抑尘效率方面。

苫盖与堆垛表面喷洒抑尘剂都是针对堆存时间较长的散货料堆，实施了苫盖或者喷洒了抑尘剂的料堆，如不出现苫盖物损坏或者堆垛表面破碎的情况，一般气象条件都不易起尘。对于两种措施而言，均是散货堆场控制静态风蚀起尘的有效手段。

B. 日常实施方面。

目前，散货堆场一般通过人工方式将苫盖物覆盖于堆垛表面，单个堆垛至少需要 6 人同时作业，而且效率不高，从运送苫盖物至完成单垛苫盖需 1～2 h，而且苫盖和拆垛作业过程中存在塌垛风险；抑尘剂喷洒需提前与水进行合理的配比，为防止抑尘剂絮凝或沉淀，混合后的试剂需尽快实施喷洒，主要依托洒水车，效率较低。

C. 运行费用方面。

通过调研了解，聚乙烯密目网用作港口散货料堆苫盖物抑制粉尘污染，往往为一次性，其强度较低、重量轻、易兜风，在海风环境下其使用寿命低，再加上夏季温度高，更加快了苫盖物的老化速度，散货码头企业每年需花费上百万元购置苫盖网。抑尘剂最早依靠进口，成本较高，目前随着国内抑尘剂生产厂家应运而生，成本也相应降低。例如，日照港使用的抑尘剂为山东潍坊生产，价格几十元一桶，与水按 1∶400 进行配比。

综上所述，两种措施都是散货堆场控制静态风蚀起尘的有效手段，一些地区将堆垛苫盖作为强制措施，随着近几年抑尘剂成本降低，散货堆场应用逐渐增多。

④干雾与高压雾化喷淋对比分析。

A. 抑尘效率方面。

高压雾化喷淋与干雾除尘的区别主要在于对捕捉粉尘粒径不同，系统组成方面，高压雾化喷淋没有空气压缩设备。干雾除尘系统可产生成千上万直径为 1～10 μm 的水雾颗粒，在捕捉 5 μm 以下的可吸入浮尘方面具有其他抑尘设备无法比拟的优点，被应用于翻车机房、转接塔落料口、卸船机落料斗等环节；高压雾化喷淋对于捕捉 10 μm 以上的粉尘效果较好，其雾化效果主要取决于喷嘴的选型，雾滴粒径越小，雾滴数目就越多，与粉尘接触机会就越多，进而捕尘效果越好，主要用于堆取料机头喷淋除尘。

B. 建设费用方面。

高压雾化喷淋建设费用较低，企业一般会根据密闭作业点起尘情况设置管路以及喷嘴位置，结合增压泵、储水箱、电磁阀以及控制元件便可实施喷淋。与高压雾化喷淋系统不同，干雾除尘系统初期建设费用较高，其喷雾器构造较复杂，由喷头、喷头固定座、万向节接头、防护钢管、水连接管、气连接管和电加热带端子等部件组成。由于水质要求很高，前端需设置多级过滤系统。

C. 运行维护方面。

高压雾化喷淋与干雾除尘系统被广泛应用于散货码头翻车机房、转接塔落料口等封闭或者半封闭环节，其主要控制系统、加压泵等都设置在独立的空间，系统运行均为自动控制。日常维护工作主要是更换喷嘴与管路维修。

综上所述，由于两种湿法喷淋技术喷洒水滴颗粒粒径不同，捕集粉尘粒径也不同，干雾除尘主要针对相对密闭的设施内动态作业起尘，如翻车基坑、转接塔落料口、卸船机落料斗；高压雾化喷淋抗风干扰能力相对较强，主要应用于堆取料机头，两种湿法喷淋措施是目前散货堆场动态作业的主要抑尘手段。

⑤桥式抓斗卸船与链斗式连续卸船对比分析。

A. 环保方面。

从链斗式连续卸船机的工作原理可知，可大量减少卸船作业粉尘污染，某些干燥货种卸船仅在船舱内产生少量扬尘；桥式抓斗卸船机的工作原理（专业化码头），卸船机小车上的抓斗从船舱抓取物料后，由小车转运并打开抓斗后卸至安装在卸船机门架上的料斗，再经料斗处的分叉漏斗，卸至码头上的带式输送机。物料在抓斗打开、转卸至料斗过程中以及由料斗分叉漏斗下落到码头带式输送机时，产生大量的粉尘。此外，在抓斗运转过程中，物料还会撒落至港池海域或码头面。因此，与桥式抓斗卸船机相比，粉尘污染小是链斗式连续卸船机最大的优点。

B. 节能方面。

桥式抓斗卸船机与链斗式连续卸船机在物料提升阶段做功存在较大区别。链斗式连续卸船机连续工作，作业过程中物料及机身的运动构件不存在加速、减速，且物料垂直提升阶段主要是物料在做功，其提升机构中前后两侧的链斗质量是平衡的。而桥式抓斗卸船机是周期性作业，抓斗和运行小车都存在加速、减速。质量占比较大的空抓斗，在每个作业周期中都需要做功，消耗较多电能。因此，两种机型在总装机容量及单位能耗方面存在较大差异。

根据目前已使用的两种机型装机容量及单位能耗的统计数据，在相同装卸效率下，桥式抓斗卸船机的总装机容量约为链斗式连续卸船机总装机容量的 1.5～2 倍，且机型越大，此特征越明显，单位能耗约高 20%。

上海振华重工（ZPMC）近年内生产的桥式抓斗卸船机和链斗式连续卸船机装机容量及单位能耗指标对比见表 3-7。

表 3-7　上海振华重工桥式抓斗卸船机和链斗式连续卸船机技术指标对比

技术指标	3 500 t/h 桥式抓斗卸船机	3 500 t/h 链斗式连续卸船机	1 800 t/h 桥式抓斗卸船机	1 800 t/h 链斗式连续卸船机
接卸物料	矿石	矿石	煤炭	煤炭
装机容量/kVA	6 000	2 700	2 500	1 900
理论单位能耗（接卸 1 t 物料）/（kW·h）	0.40	0.32	0.38	0.31

唐山曹妃甸港二期矿石码头也分别配备了桥式抓斗卸船机和链斗式连续卸船机，其装机容量及单位能耗指标对比见表 3-8。

表 3-8　唐山曹妃甸矿石二期桥式抓斗卸船机和链斗式连续卸船机技术指标对比

技术指标	3 200 t/h 桥式抓斗卸船机	3 800 t/h 链斗式连续卸船机
接卸物料	矿石	矿石
装机容量/kVA	4 100	2 141.5
理论单位能耗（接卸 1 t 物料）/（kW·h）	0.38～0.42	0.31～0.33

C. 建设投资方面。

链斗式连续卸船机尾部配置了配重结构，以保持整机作业过程中的稳定性。由于配重的作用，在各种工况下，卸船机整机的重心变化（与桥式抓斗卸船机相比）相对较小，由此带来的好处就是其工作腿压也较小（卸船效率越大这个特征也越明显）。根据已有机型的统计数据，链斗式连续卸船机的工作腿压比同规格的桥式抓斗卸船机工作腿压低 10%～20%。卸船机工作腿压减小使码头建造更经济，由此可以直接降低码头的建设成本，如码头建设中减少的材料、能源以及人工消耗。

D. 运行维护方面。

与桥式抓斗式卸船机方式相比，链斗式连续卸船机在运行维护方面存在以下缺点：一是通用散货码头，货种较为复杂，品质参差不齐，链斗卸船时如遇湿度较大的货种时，容易产生堵料，降低卸船效率；二是链斗式连续卸船机对波浪力比较敏感，其刚性链斗仅能消化不超过 600 mm 的由波浪力引起的仓底高差；三是维护费用较高，根据唐山曹妃甸矿石码头二期 5 年的链斗式连续卸船机运行维护经验，每接卸 800 万～1 000 万 t 矿石需要更换一次链条，约需 100 万元。

综上所述，与传统桥式抓斗卸船方式相比，链斗式连续卸船具有粉尘污染小、能耗低、降低码头建设成本等优点，其缺点是货种的选择性较强，维护费用相对较高。

⑥码头前沿皮带机围挡与封闭对比分析。

A. 环保方面。

现阶段，散货码头企业一般采取码头皮带机两侧设置挡风板来抑制粉尘污染，虽取得一定的效果，但不甚理想。对于采用固定式抓斗卸船方式的散货码头，也有采用防尘罩对码头皮带机实施了封闭，使码头散货皮带机输运环节粉尘污染得到了根本控制。

B. 运行方面。

从技术角度而言，对于固定式抓斗卸船工艺的散货码头，其码头前沿皮带机全封闭不难实现；而对于移动式抓斗卸船工艺，为保障卸船机行走要求，前沿皮带机全封闭较难实现，主要原因在于设计之初未考虑封闭工艺，现行卸船机结构无法满足措施随大机移动实时封闭要求。一些电厂配套的小型煤炭码头，设计初期考虑了皮带封闭要求，卸船机制造厂家对其结构进行了相应的改造，采用装船机随行履带实现了码头前沿皮带机全封闭。

C. 风险方面

码头前沿皮带机全封闭措施，其环保效果显而易见，但也存在一定的安全隐患。以日照港岚山港区散货码头发生的一起事件为例，由于码头皮带机卸料压力承载过大，皮带与托轴摩擦导致皮带起火，该段皮带机采用防尘罩实施了全封闭，高速运行的皮带带动空气在防尘罩内形成了负压效应，导致整段皮带急速燃烧，造成了较大的经济损失。

综上所述，码头前沿皮带机全封闭可从根本上减小散货皮带机输运粉尘污染，目前仅有少数电厂配套煤炭码头采用大机同步行走皮带对码头前沿皮带机实施了全封闭，大型散货码头尚无移动式卸船皮带机全封闭应用实例，其改造技术难度主要在于卸船机结构无法满足皮带封闭要求。

⑦传统皮带机与管带机对比分析。

A. 环保方面。

现阶段，散货码头企业皮带机一般采用防尘罩全封闭措施抑制皮带机输运环节粉尘污染。近几年，对于长距离皮带机运输，一些港口采用了管带机技术，本技术通过设置上下两套呈正切六边形布置的托轴组，皮带通过托轴组时自动卷曲成封闭筒状，使散货一直处于密闭转运状态，其优势在于高效环保，无须配套转接塔就能形成大弧度的转弯。

B. 投资建设方面。

相对于传统皮带机工艺，无论输运距离长短，如遇到转弯变向情况，需配套建设转接塔；对于散货管带机长距离输运，无须配套转接塔就能形成大弧度的转向，但需增加钢构件、托轴等构件。调研了解到，相同输运工况情况下，管带机建设投资略低于传统皮带机。

C. 运行维护方面。

传统皮带机加装防尘罩工艺，如需对皮带机进行维修，需将防尘罩拆下，对损坏的防尘罩进行更换便可。管带机由于托轴存在缝隙，可能导致发生卡带事故。

综上所述，两种方式均是皮带机全密闭措施，管带机技术在皮带机长距离运输工艺应用较广，维护方面传统皮带机加防尘罩方式操作相对简便。

⑧路面洒水与洗轮机对比分析。

A. 环保方面。

散货码头作业区较多采用洒水车路面定时洒水来减少道路二次扬尘，此种方法运行简便，机动性强；对于车辆通行量较大的路段，部分散货码头通过建设不同长度的洗轮机设施，对进出车辆的车轮、车身进行冲洗，减少了车辆携带的泥土、矿渣，很大程度上也缓解了道路扬尘污染。

就效果而言，洒水车由于其机动性强的特点，可对多路段实施喷洒，其有效性取决于喷洒强度、气象条件及车流量；洗轮机仅对某路段道路起尘起到一定作用，而且车辆本身运行及发动机散发的热量会加速水分蒸发，有效性逐步降低。

B. 投资建设方面。

路面洒水仅需购置洒水车，洗轮机系统一般包括冲洗区、沥水区、清水蓄水池、一级沉淀池、二级沉淀池、电气控制系统、高压冲洗水泵、污水泵及其管路喷嘴，其建设费用主要取决于冲洗区长度与承载基础。

C. 运行维护方面。

洒水车维护主要为车辆、增压泵维修；洗轮机除定期对管路、喷嘴、水泵及电气控制系统进行维护外，还需定期对清洗污泥进行清理。

综上所述，两种措施均为散货码头道路抑尘的主要方式，洒水车路面洒水机动性较强，配合重要路段洗轮机建设，可进一步加强道路二次扬尘污染。

⑨抑尘技术的适用性归纳。

由于我国南北方气候存在较大差异，但除尘技术在应用上地域性差异并不大，主要区别在于北方冬季严寒，导致湿法喷淋除尘设施无法使用。调研了解到，虽然一些散货码头增加了洒水电伴热与泄空系统，但实际应用效果并不理想。通过上述措施对比分析，并结合散货码头工艺特点、南北方气候差异等对不同抑尘技术的适用性进行归纳，见表 3-9。

表 3-9　干散货码头扬尘污染控制技术适用性分析

抑尘措施	适用环节	抑尘效率/%	优缺点	适用地域
防风抑尘网	大型散货堆场	30~70	优点：无须维护，掩护范围内防风抑尘效果好 缺点：投资较大，大风速堆场抑尘效果较差	南北方
筒仓	大型散货堆场	80~95	优点：抑尘效果好，从根本上解决堆场无组织排放 缺点：投资大，无法分货种（货主）堆存	南北方，推荐北方 理由：解决冬季洒水无法使用问题
条形仓	大型散货堆场	80~95	优点：抑尘效果好，从根本上解决堆场无组织排放 缺点：投资大，堆场利用率降低约40%	南北方，推荐北方 理由：解决冬季洒水无法使用问题

抑尘措施	适用环节	抑尘效率/%	优缺点	适用地域
球形仓	小型散货堆场	80～95	优点：抑尘效果好，从根本上解决堆场无组织排放 缺点：堆场容量较小	南北方，推荐北方理由：解决冬季洒水无法使用问题
苫盖	散货堆场	70～95	优点：抑尘效果好，从根本上解决堆场无组织排放 缺点：人工覆盖存在塌垛等安全隐患	南北方
抑尘剂	散货堆场	70～95	优点：抑尘效果好，从根本上解决堆场无组织排放 缺点：成本高，喷洒作业效率低	南北方
防风林带	散货堆场	—	优点：加强防风抑尘效果，美化环境 缺点：成活率较低	南北方
洒水喷淋	散货堆场	50～90	优点：抑尘效果较好，操作简便 缺点：受地域、货种影响，维护费用较高	南北方
射雾器	抓斗卸船、汽运装车、卸车及日常增湿降尘等	—	优点：局部露天作业抑尘效果好 缺点：受风影响较大	南北方
高压雾化喷淋	堆、取料机作业、翻车机房、皮带机机头等	—	优点：露天单点作业抑尘效果好 缺点：受风影响较大（皮带机机头不受影响）	南北方 北方冬季无法使用
干雾除尘	翻车机房、转接塔、卸船机料斗等半封闭设施内	90以上（微米级尘）	优点：封闭或半封闭设施内抑尘效果好 缺点：水质要求较高	南北方 北方冬季无法使用
布袋除尘	翻车机房、转接塔等封闭设施内	约95	优点：封闭或半封闭设施内除尘效果好 缺点：维护费用较高	南北方 北方冬季湿法除尘替代
静电除尘	翻车机房、转接塔等封闭设施内	约95	优点：封闭或半封闭设施内除尘效果好 缺点：维护费用较高	南北方 北方冬季湿法除尘替代
洗轮机	汽运主干路	—	优点：道路二次扬尘抑制效果好 缺点：清洗淤泥需另处置	南北方 北方冬季无法使用
路面洒水	场内道路、单垛洒水	—	优点：机动性，道路二次扬尘抑制效果好 缺点：易造成路面泥泞	南北方 北方冬季无法使用

抑尘措施	适用环节	抑尘效率/%	优缺点	适用地域
防尘罩	皮带机	90 以上	优点：皮带机输运过程抑制效果好 缺点：给皮带机维护、维修工作造成不便	南北方
装船溜筒	装船	—	优点：降低作业高度，减小装船起尘 缺点：—	南北方

3.1.1.4　干散货码头项目粉尘污染控制措施实施情况

（1）神华黄骅港。

①煤三期筒仓。

神华黄骅港煤三期共设 48 个筒仓，单仓容量 3 万 t、内径 40 m、高度 43.4 m。筒仓堆存工艺，在进行堆取料作业时，由于是封闭操作，且筒仓设置除尘器，彻底解决了煤炭露天堆存以及堆取料作业时由于风力作用引起的煤炭起尘问题，最大限度减少了煤炭在自然风力作用下的起尘量。

神华黄骅港煤炭码头储存煤种约 30 种，筒仓储存共涉及 18 种主要煤种，其余煤种为露天式堆存。2017 年 12 月 9 日筒仓单日装船量约 250 万 t，堆场单日装船量 220 万 t，2017 年 12 月 9 日筒仓年累计装船量约 9 460 万 t，堆场年累计装船量约 8 762 万 t，筒仓作业效率较高于堆场。黄骅港煤三期筒仓及配套卸料小车见图 3-24（彩色插页）。

②翻车机底层洒水。

2016 年，神华黄骅港成立研究团队，通过多次试验，在煤炭进港的第一个翻车作业环节，对物料进行充分洒水，在煤炭达到一定含水率之后，在各个作业环节，起尘都得到了有效控制。该项洒水作业不受冬季低温影响，抑尘效果显著。

③煤堆场洒水除尘系统。

神华黄骅港堆场洒水除尘系统由喷枪、电动蝶阀、自动泄水阀及保温、电伴热设施和防护装置组成，不仅能满足堆场的洒水除尘要求，而且兼顾堆场的消防，包括喷枪站和消火栓。堆场洒水频次为 3 次/d，单枪洒水强度为 2 L/m^2。

④作业大机除尘系统。

装船机：尾车皮带至悬臂皮带转运处导料槽内，喷嘴组喷水将煤尘抑制在导槽内。悬臂皮带溜筒下口外侧周围，导嘴组喷水形成水幕，将装船产生的煤尘抑制在船舱内。当使用抛料弯头时，也可得到较好的抑尘效果。

斗轮取料机：斗轮取料及落料处，喷嘴组喷水形成的水幕，将斗轮取料落料产生的煤尘抑制在水幕中。悬臂皮带机受料导料槽内，喷嘴组喷水将煤尘抑制在导料槽内。堆场皮带机受料密闭导料槽内，喷嘴组喷水将落料起尘抑制在导料槽内。

堆料机：悬臂皮带机导料槽内，喷嘴组喷水将煤尘抑制在导料槽内。悬臂皮带机头罩下口外侧周围，喷嘴组喷水形成伞状水幕，将堆料起尘抑制在水幕中。所有各机喷嘴要求采用不锈钢喷嘴，其喷洒性能、数量及布置，根据该机处的起尘特点和水幕的形式来选定。

⑤干雾除尘系统。

神华黄骅港煤炭码头干雾抑尘系统由主机、万向节总成、气水分配盒、空压机和自动控制系统组成。其具备人机接口，可反馈开机、关机、过滤器堵塞、气压低、水压低、干雾抑尘装置自动/手动运行状态等电信号至控制室，可实现手动和自动两种控制模式。每条翻车线设置 1 套干雾抑尘系统，受煤斗上口四周布置抑尘系统的水、气管道和喷雾箱。使产生的干雾能够覆盖整个受料斗上口，并有效抑制翻车机卸煤全过程中产生的煤尘。

⑥露天堆场防风网。

为控制堆场作业过程中产生的粉尘，神华黄骅港煤炭堆场一期、二期、四期均设置了防风网，其中二期与四期为四面围挡，一期为三面围挡。

（2）宁波港镇海港区。

2012—2014 年，在科学制订镇海区煤炭扬尘整治总体方案的基础上，镇海区政府开展了为期 3 年的"煤尘综合整治工程"。从源头把关，投入大量人力、物力，相继开展防风网工程建设、射雾器购置、洗车台建设、运煤车辆专项整治等煤尘治理措施，在 2～3 年达到抑尘 90%的总体要求，并形成长效管理机制。

①防风网工程。

2012 年完成堆场西侧防风网工程，建设总长度 374 m、网高 17 m；2013 年 4 月建设完成堆场东侧防风网工程，建设总长度 1 160 m、网高 17 m；北侧防风网建设总长度 1 250 m、网高 17 m，至 2015 年 3 月完成全部施工，堆场形成整体围护。

②堆场洒水系统改造工程。

镇海港埠公司对部分喷淋管线进行了改造和更新，至 2014 年年底，港区煤炭堆存区域设有喷淋泵房二座，喷枪 231 支。并在部分堆场防风网顶部设置喷雾头 259 个。堆场的喷淋系统、防风网顶喷雾设备配合堆场固定式高架射雾器，基本实现后方堆场和西门二场的喷淋全覆盖。

③堆场功能调整。

镇海港区 2013 年 6 月停止 2 号泊位煤炭卸船作业及其 2 号后方堆场铁路发运，同期开始清理 2 号泊位后方堆场堆存煤炭。至 2013 年 12 月底，2 号泊位后方堆场停止黄沙作业，改为堆存苏松和钢材。并开始拆除煤炭装卸工艺流程，包括廊道、火车装车系统等。

④堆场射雾器。

堆场区域共设置了 19 台射雾器，其中包括 13 台固定式射雾器和 6 台移动式射雾器。其中港区后方堆场（A～G 场）共布置 8 台固定式射雾器，有效射程为 70 m；西门二场布置 5 台固定式射雾器，有效射程为 120 m。

⑤皮带运输密闭。

镇海港区均采用封闭廊道进行水平运输，并对廊道外观进行了美化整体设计，转运点采用喷雾措施抑尘（见图 3-25，彩色插页）。

⑥单机喷淋系统。

3 号泊位 5 台门机和 4 号泊位 4 台门机的卸料承接料斗处加装喷雾系统，通用泊位 4 台卸船机加装围挡及喷淋系统（见图 3-26，彩色插页）。

⑦道路扬尘控制。

港区共建设 8 套洗车台系统，其中在港区后方堆场和西门二场共设置 6 套场内洗车台，在煤炭出场卡口设置 2 套卡口洗车台，实现港区每台运输车辆出场洗车（见图 3-27，彩色插页）。

⑧道路清扫洒水设备购置。

镇海港区自 2012 年共购置 3 台洒水车、3 台高压洗扫车和 1 台普通洗扫车。

日常采用专业清扫队伍与机械清扫相结合,并对道路进行洒水。

(3)唐山曹妃甸矿石码头。

在曹妃甸二期矿石码头前沿布设两台 3 800 t/h 的链斗式连续卸船机,使用初期,故障率较高,经过 4 年多技改 50 多大项,现在基本达到可控状态。该卸船机对澳矿的卸船效果较好,但对于属性特别黏、含水率较高的矿石物料,卸载效果不理想,容易产生料斗内物料附着的现象。在运行时间方面,链斗卸船机运行时间约为抓斗卸船机运行时间的 75%,卸料量占总卸船量的 20%~30%。在维修方面,经过 4 年的运营管理维护,基本达到自修为主的状态。卸载量达到 800 万~1 000 万 t 需要更换一次链条,维修费用约 100 万元。

(4)国投曹妃甸煤炭码头。

国投曹妃甸煤炭码头工程分起步和续建两次建设,起步工程在堆场东、北、南三侧建设防风网,续建工程 17#、18#堆场建设采用条形仓,跨度 103 m,分为 9 库,顶高 40 m。条形仓内同时结合堆场洒水,对静态起尘的抑制率可达 99%。

(5)营口港鲅鱼圈港区。

鲅鱼圈港区是营口港的主体港区,货类构成以煤炭、石油、金属矿石、非金属矿石、化肥、粮食等为主。针对码头、火车、汽车装卸作业和堆场、水平运输(道路、廊道)等产尘环节,进行系统梳理,采取综合治理。矿石码头工艺专业化程度较高,配备防风网、堆场喷淋、输送栈桥全封闭,道路洒水和机械吸尘车。

(6)苏州港太仓港区。

苏州港太仓港区武港矿石码头堆场容量为 421 万 t,配备 6 台斗轮堆取料机,一期额定装船效率 4 200 t/h,二期额定装船效率 2 000 t/h;卸船码头配备了 6 台桥式抓斗卸船机,卸船单流程额定效率 5 000 t/h。作业动态起尘点粉尘污染控制,主要包括皮带机廊道防尘、卸船机大料斗干雾除尘、皮带机转接点除尘以及斗轮机除尘等(见图 3-28,彩色插页)。

(7)湛江港霞山港区。

防风网建设总长度 5 753 m。霞山港区散货码头二分公司 400#后方堆场、二分公司散货码头及三分公司防风网建设情况见表 3-10。

表 3-10 霞山港区防风网建设情况 单位：m

区域	高度	长度
二分公司 400#后方堆场	12	1 270
二分公司散货码头	18～20	3 903
三分公司	15	580

建设有较完备的喷淋喷雾系统。霞山港区散货码头设置堆场喷枪 300 支、防风网顶部喷淋系统 1 套（喷头 1 300 个）、远程射雾炮 12 台、干雾系统（卸船机每机 1 套）、喷雾塔 51 座、环保流动机械 35 台（清扫车 19 台、洒水车 13 台、雾炮车 3 台）（见图 3-29 至图 3-31，彩色插页）。

堆场苫盖。购置大量帆布、编织布对散货堆头苫盖防尘。

主要道路出入口自动洗车装置 5 套；堆场道路边界设置挡墙、挡板隔离防尘；港区主要道路和边界区域设置防尘绿化林带（见图 3-32，彩色插页）。

通过改进工艺，积极实施清洁生产。实施了三分公司装卸储运工艺系统技术改造、集装箱运输替代散货装车运输、3-DEM 转运点技术在散货卸船系统中的研究与应用、港口火车卡智能螺旋平料系统关键技术创新及应用、柔性斗轮清场技术及设备研制、卸船机喷淋系统改造、柔性自动化袋装物装车系统的研发与应用、多用途港口轮胎起重机研制等多项工艺改革，通过优化港区生产作业流程和操作环节，降低扬尘，实现了清洁生产。

（8）防城港港渔㴌港区。

防风网建设长度 3 000 m。港区煤炭、矿石堆场设置了防风抑尘网，高度为 10 m、15 m 两种（见图 3-33，彩色插页）。

堆场日常洒水除尘。港区堆场装卸机械坝基两侧设置了洒水喷枪，并配备了 16 台雾炮（固定式、移动式）、12 台洒水车、13 清扫车以及 10 台装载机改装清扫车，主要路段进出场修建了洗车池。

苫盖与围挡。针对周转期较长的料堆实施了苫盖，码头前沿及后方堆场使用隔离墩对堆场区域进行了围挡（见图 3-34，彩色插页）。

（9）海口港马三港区散货码头。

防风网建设长度 836 m。港区堆高一般为 6 m，堆场三侧设置了高 12 m 的防风网，总长度 836 m（见图 3-35，彩色插页）。

堆垛苫盖。对港区内煤炭实施全苫盖。

堆场区域围挡。后方堆场使用隔离墩对堆场区域进行了围挡。

散货卸船。码头前沿设置了散货卸船装车漏斗，同时加装了软帘，降低落料高度（见图 3-36，彩色插页）。

（10）江西煤炭储备中心。

煤炭堆场设置防风网。在煤炭堆场四周设置了防风网，建设长度 1 663 m。同时，在堆场区东、北侧各布置 10 m 宽防护林带，西、南侧各布置 5 m 宽防护林带（见图 3-37，彩色插页）。

配煤筒仓。配煤过程设置配煤仓、筛分破碎车间及煤粉转运站点，同时配备复膜扁布袋单点除尘器，收集处理各转运站粉尘（见图 3-38，彩色插页）。

堆场喷淋与人工清理。堆场内部设置洒水喷枪，定期对堆垛实施洒水，抑制堆场静态风蚀起尘。同时，加强场内散货物料的人工清理，减少二次扬尘。

火车装车楼封闭设施。修建 1 000 m（长）×31 m（宽）×16 m（高）的半封闭煤棚，减小火车装卸产生的粉尘污染。

结壳剂自动喷洒装置。通过自动喷洒装置，对经过装车楼装载的火车实施结壳剂喷洒，使列车内的煤炭顶部形成一层质密的壳，减少煤炭列车运输过程中起尘（见图 3-39，彩色插页）。

场区裸露地面绿化与苫盖。对场区内堆场外侧裸露地面进行了绿化和苫盖，减少风蚀起尘。

针对港区煤炭起尘，企业制定《生产区环境保护管理办法》《码头及堆场防尘管理规定》等。

（11）小结。

根据对典型散货码头调研结果，散货码头基本落实了环评及批复要求的环保措施，力求从根本上抑制尘源的产生和扩散。综观各类粉尘防治技术，基本上分为防尘和除尘两大类。从具体形式上分析，多是设置各类风障，降低作业区的风速，如防风网、条形仓、储煤棚等；洒水增湿，增加粉尘颗粒间的黏滞性和颗粒重量，如堆场的喷淋、翻车机房的干雾抑尘、转接塔的喷淋、移动或固定式射雾器等。上述方法在我国散货码头中转作业防尘措施中占据了主导地位。

在环境管理方面，大型专业化散货码头都制定了比较完善的规章制度，对于粉尘污染防治形成了相对完善的体系。但部分专业化水平较低的沿海码头与内河码头环境管理工作仍存在较多不足，如环保专职人员专业水平不高、环保设备运行维护台账缺失、环境管理制度缺少针对性等。

综上所述，散货港口间存在基础设施、环境管理水平、资源分配及经济效益等差异，不同港口粉尘污染治理水平也不尽相同。随着近几年国家对散货港口环境问题的日益重视，各散货港口也根据自身特点及资源优势不断提高粉尘治理水平，但仍有不足之处。

3.1.1.5　问题分析与对策建议

（1）干散货码头污染控制管理现状。

①企业观念逐步转变。

一方面，近几年国家环保政策一直保持高压势态，并形成制度化的严格治理体系，同时对于环境问题突出的区域，生态环境部不定期开展专项督查和"回头看"，逐步构建以中央生态环保督查为主，地市生态环保督查为基础，以专项督查和"回头看"为辅的全方位、系统化的全方位督查体系，生态环保严监管将成为新常态。在监管机构从严控制各类污染指标及排污行为的基调下，散货港口企业环保与责任主体意识也上升至前所未有的高度。为保证环保达标，企业不断加大环保投入，按照散货转运工艺特点、粉尘排放方式等，选取适用的污染防治技术，同时注重多项措施的综合运用，严控散货粉尘污染。

另一方面，2016 年 11 月，国务院办公厅发布《控制污染物排放许可制实施方案》，明确排污许可制衔接环境影响评价管理制度，融合总量控制制度，为排污收费、环境统计、排污权交易等工作提供统一的污染物排放数据。2018 年，《中华人民共和国环境保护税法》正式实施，责任主体由原来的生态环境部门核定转变为纳税人自行申报，纳税人对申报的真实性和完整性承担责任。新税法根据纳税人排放污染物浓度值低于国家和地方规定排放标准的程度，设置了减税优惠，进一步鼓励散货港口企业改进工艺、减少对环境的污染。

综上所述，散货港口企业已逐步从"要我守法"向"我要守法"转变，企业自主管理，依证守法的体制和观念正在变革，港口区域环境治理也将迈入新的阶段。

②露天堆场防风抑尘网建设效果总体良好。

研究资料表明，防风网高度一般为堆垛的 1.1～1.5 倍，防风网的有效庇护区为其下风向约 20 倍的网高范围，在该范围内煤堆起尘量能够有效降低约 80%。从环保验收情况来看，目前新建的干散货码头项目防风抑尘网实施情况良好，仅有个别项目存在防风网高度或实际庇护范围有所降低等问题。目前，各大港口都在积极推进防风网建设，并呈现规模化趋势。目前全国层面尚未有港口码头已建防风网的统计数据。根据本次调研情况统计，环渤海地区主要散货港口防风网建设长度已超过 80 km，其中，营口港、神华黄骅港防风网建设长度均超过 10 km，分别达 13.55 km、10.18 km。

③多措施综合运用形成粉尘防治体系。

随着行业粉尘污染防治技术的不断发展及环境管理要求的提高，目前干散货码头项目粉尘治理基本按照"以防为主，以除为辅"原则，注重因地制宜、多种措施的综合运用，逐步形成干散货从进港到出港全过程的粉尘防治体系。例如，散货堆存环节除采取防风网、洒水喷淋外，同时对周转期较长的料堆进行苫盖或喷洒表面结壳剂；转接塔、翻车机房一般采取布袋与干雾相结合的除尘措施；皮带机实施全封闭的同时，在机头加装回程皮带清洗装置。

以神华黄骅港务公司构建的煤粉尘五道防线为例，一是自主研发长效抑尘技术，通过在初始作业环节——翻车机底部加装自动洒水装置和控制系统，控制到港煤炭外含水率；二是实施堆场洒水、雾炮车，皮带机密闭、洒水及清扫，干雾除尘、干式除尘及煤尘收集装置等；三是建设防风网和筒仓设施；四是在堆场采用吸尘车与水泥硬化道路配套的粉尘收集方式，定时定点地对扬尘进行机械化清扫；五是建设总面积达 92 万 m^2 的防尘绿化体系。

④注重新技术研发与应用。

部分港口为适应环保新政以及企业自身长远发展的要求，已逐步开始探索散货粉尘起尘机理及新型除尘技术的研究，并取得了显著成果。例如，营口港鲅鱼圈港区矿石码头对堆场洒水系统进行了智能化改造，实现喷枪摆角的远程实时调整，配合决策系统对堆场实行网格化的设计，切实做到喷洒水范围的可控性，达到节能减排的目标，保证港口粉尘污染治理的有的放矢。湛江港集团自主研发的3-DEM 技术在霞山散货作业区成功应用，较好地解决了散货皮带转运落差造成的扬尘，减少了转运过程中散货洒落，且极大地提高了运输效率；同时，堆场防风网顶部增设了洒水喷淋系统，平均 3 m 布设一个，共 1 300 个，防风网的抑尘效率也进一步加强。

⑤企业自主开展环境监测。

通过对散货码头的调研了解到，企业都会按照环评及批复要求，委托第三方监测机构定期开展大气环境质量监测工作，部分港口企业抽调了环保专职人员组建监测站，对港区及敏感点环境空气质量进行了大量的监测工作。例如，秦皇岛港环卫中心除对煤三—五期散货堆场区及场界粉尘浓度实施监测外，还在周边环境敏感点布设了降尘罐，定期采样分析，以此掌握散货作业粉尘污染扩散情况；神华黄骅港监测站除完成日常监测工作外，还购置实验分析设备，建设环境监测实验室，建设自动粉尘监控网，实现对煤炭作业区粉尘污染特征的全面掌控，使港区除尘作业更加科学化、合理化。

（2）干散货码头粉尘污染控制技术难点。

①个别环节单一技术无法切实做到粉尘防控。

散货码头由于面积大、起尘环节多、经营方式限制以及工艺调整余地少等因素，使粉尘治理工作必须从系统上和整体上进行。仅对某一个环节的治理会产生一定的效果，如果其他相应的措施跟不上，也会减少治理措施的效率，造成多次投资治理反而效果不明显。

例如，现阶段对于散货堆存环节，仅靠单一的防风网建设、堆场洒水喷淋无法满足现阶段粉尘污染管理要求，必须辅以苫盖、防风林带、路面清扫与洒水、场路隔离等措施；对于皮带机作业流程，除采取皮带机全密闭、皮带机转接塔干雾、喷淋及布袋除尘措施外，回程皮带黏连的细颗粒物料回转脱落造成的起尘，还需采取行之有效的措施进行控制。总之，当前散货码头粉尘污染治理最有效的方法是源头治理，而单一的技术手段很难消除或抑制扬尘污染，只能通过多措施的综合运行才能从根本上达到有效治理的目的。

②货种特性导致现行控制技术无法适用。

由于没有专业化的木薯干接卸泊位，也没有能够满足木薯干环保接卸要求的港口接卸设备，目前进口的木薯干都是在通用散货泊位上由通用门机装卸，不仅装卸效率低，而且环境污染非常严重。木薯干不同于矿石、煤炭等一般散货，不能采用喷淋等湿法措施控尘、抑尘，采用一般通用机械装卸木薯干不仅对环境污染大，而且货损大，货损量达 6‰以上。

专用散粮码头目前主要货种为玉米，在作业过程中产生的主要污染物是玉米粉尘。粮食港口装卸作业各环节都采用了密闭、布袋除尘等措施抑制粉尘污染。但对于粮食装卸作业起尘最严重的装船环节，缺少有效的除尘措施抑制粉尘。

③工艺特性导致现行控制技术无法适用。

一方面，目前对于专业化水平较低的散货码头大多采取抓斗卸船作业，在有风的天气条件下，抓斗释放瞬间造成较大的粉尘污染；卸至前沿堆场的散货再采用铲车装车，汽运至后方堆场存储，此倒运过程均在动态中完成，存在较多不确定因素，粉尘污染也相当严重；对于专业化水平较高的散货码头卸船，一般通过建设码头前沿皮带机转运散货，不仅提高了作业效率，而且大大降低了粉尘污染。

另一方面，为保障卸船机行走要求，码头前沿皮带机无法实施防尘罩全封闭，港口企业一般采取皮带机两侧设置挡风板抑制粉尘污染，虽取得一定的效果，但不甚理想。但对于采用固定式抓斗卸船方式的散货码头，也有采用防尘罩对码头前沿皮带机实施了封闭，卸船作业粉尘污染得到了进一步控制，同时也带来了一定的安全隐患。由于散货码头某些工艺自身特性限制，现行控制技术均无法有效应用，也一直是散货港口粉尘污染治理的难点。

从技术角度而言，对于固定式抓斗卸船工艺的散货码头，其码头前沿皮带机全封闭不难实现；而对于移动式抓斗卸船工艺，为保障卸船机行走要求，前沿皮带机全封闭较难实现，主要原因在于码头设计之初未考虑封闭工艺，现行卸船机结构无法满足皮带伴随大机移动实时封闭要求。一些电厂配套的小型煤炭码头，设计初期考虑了皮带封闭要求，卸船机制造厂家对其结构进行了相应的改造，采用装船机随行履带实现了码头前沿皮带机全封闭。

④老旧码头粉尘治理形势依旧严峻。

全国还存在不少老旧港口和内河小规模港口，由于建设年代较早，工艺相对落后，且建港初期环保要求不高，其粉尘防治措施达不到当前环境管理要求，在目前大气污染防治的严峻形势下，由于工艺所限，老旧码头起尘点多且具有阵发性和开放性等特点，粉尘污染治理难度较大。老旧码头粉尘污染现状见图 3-40

（彩色插页）。

⑤部分技术控尘效果好但未得到推广。

电力、矿山行业货种单一、计划性强，采用封闭堆场形式能够满足其生产工艺和功能需求，国内应用实例较多。而对于大型的散货码头堆场，筒仓封闭技术应用受到许多因素的制约。一方面，散货码头接卸散货一般要求按照"分货主、分货种"堆存，有些煤码头有多达到 30 个以上煤种，加上货主不同，堆场分堆一般不低于 100 个堆垛。由于筒仓本身建设费用较高，大部分港口企业无法承担；另一方面，目前国内散货在港平均堆存时间均比较长（一般为 7～15 d），遇到销售淡季存储时间会更长，采用筒仓封闭储存的情况下，煤炭易发生自燃、堵料等，存在一定的安全隐患，若要消除隐患则需要大量的倒仓作业，大幅增加码头企业的运营成本。

链斗式卸船机具备连续卸船能力，卸船作业时斗轮一直处于在船舱内，对散货扰动相对抓斗要小，同时可以加装洒水系统，进一步减少卸船过程中的扬尘污染。与桥式抓斗卸船机方式相比，链斗式连续卸船机在运行维护方面存在以下制约因素：一是通用散货码头，货种较为复杂，品质参差不齐，链斗卸船时如遇湿度较大的货种，容易产生堵料，造成链斗损坏；二是链斗式连续卸船机对波浪力比较敏感；三是维护费用较高。

（3）干散货码头污染控制管理难点。

①干散货码头粉尘达标排放监管难度大。

由于干散货码头项目粉尘污染排放主要为无组织形式，目前在项目环保验收、日常监督管理中除检查粉尘污染防治措施是否落实外，还要对码头及后方堆场的厂界颗粒物进行监测，以判定厂界颗粒物监测浓度是否满足《大气污染物综合排放标准》（GB 16297—1996）要求。但行业目前在颗粒物达标排放监控中尚存在以下问题：

一是厂界自行监测对监测频次的要求偏少，依据《排污单位自行监测技术指南　总则》（HJ 819—2017）和《排污许可证申请与核发技术规范　码头》（HJ 1107—2020），目前厂界无组织废气的最低监测频次仅为 1 次/半年。因此，港口企业厂界颗粒物实际监测频次往往不多，监测数据无法准确反映全年不同时段的达标排放情况，达标排放判定代表性明显不足。

二是码头项目厂界颗粒物监测数据与其运行工况、区域气象条件等有较大关系，而企业在开展自行监测时，一般会选择在正常工况和一般风速条件下监测，其获取的厂界颗粒物监测数据一般能够满足标准要求，但并不能代表在大风条件下能够实现达标排放。此外，在大风条件下开展颗粒物监测不符合监测技术规范要求。

三是在国家层面尚未出台文件要求行业厂界颗粒物实施自动监测，从实际情况来看，目前主要为手动监测，黄骅港、天津港等部分港口企业在干散货码头厂界自行安装粉尘自动监测装置，能够获取不同时段的厂界颗粒物排放浓度，但监测仪器有待进一步校验，监测数据也未与地方生态环境部门联网，并对外严格保密。

四是行业厂界颗粒物的现场执法监测工作难度较大，地方生态环境部门缺乏能够在现场快速检测粉尘浓度的仪器，而且难以在大风条件下开展现场执法，生态环境部门不能有效获取码头粉尘超标排放的实测数据，无法第一时间获取违反排污许可证排污的证据。因此，亟须尽快完善行业粉尘达标排放监管体系，推动企业落实粉尘污染防治的责任主体，同时提升执法监管水平。

②企业自身环境管理工作力度不足。

部分港口码头企业由于缺少专业的环保技术人员，其粉尘防治设施的运行管理水平较低，存在干散货储存和运输过程中程序不规范、操作方式不合理等问题，也缺乏完善的粉尘监测和监督管理系统，降低了治理效果。

例如，堆场缺少规划，场内堆垛与道路没有明确界限；堆场内雨水与除尘用水收集系统存在设计缺陷，清理工作难度较大；皮带机转向处清理落料任意存放，未及时清理等。

③技术经验难复制。

2018年7月上旬，由生态环境部环境工程评估中心组织，神华黄骅港务有限责任公司承办了港口环境保护及污染防治技术研讨会，会议邀请了沿海五大港口群的15家港口企业参会，其中包括营口港、秦皇岛港、曹妃甸港、烟台港、连云港港等多家散货输出大港。会中各港口环保主要负责人员对散货作业环境管理、粉尘污染防治技术等进行了交流，并针对黄骅港煤炭作业区环境管理工作取得的成果进行了现场观摩，包括黄骅港煤三期筒仓堆场、翻车机房本质长效抑尘技术、皮带机机头清洗技术以及港区湿地等，专业高效的机械设备、先进的环保技术以及现代化的管理运营模式,使神华黄骅港在国内港口散货粉尘污染防治领域处于领先地位。

但对于其他老牌散货大港或者散货吞吐量较小的港口来说,神华黄骅港这些先进的管理经验与技术存在难复制性。主要体现在以下几个方面:一是经营模式难以复制。神华黄骅港隶属国家能源集团,拥有专属的煤矿、码头、铁路线以及配套电厂,散货周转业务受市场影响相对其他港口较小;二是基础设施条件难以复制。其他老牌散货大港由于建港时间较早,基础设施相对落后,较难或者无法满足环保设施技术改造要求;三是技术适用性难以复制。神华黄骅港煤炭作业采用了国内最先进的散货全自动转运流程,由于工艺差异,某些环节除尘技术对于其他专业化水平较低的散货码头存在不适用性;四是环保投入难以复制。神华黄骅港除每年投入大量资金作为课题研究、环保设施运营维护以及设备更新外,还成立了多个专项课题与技术研发团队,致力于粉尘污染控制研究与技术革新。因此,黄骅港粉尘污染防治取得的成果较难在行业中推广。

④铁路运输"最后一公里"尚未解决。

发展铁水联运具有明显的节能减排优势,可以极大地降低交通运输业能源消耗,减少大气污染物和温室气体排放量。近年来,我国铁水联运发展迅速,但与发达国家相比仍处于较低水平,各港口铁水联运发展水平也不平衡。从铁水联运国外发展经验和国内主要港口现状来看,配套基础设施不足已成为现阶段影响我国铁水联运快速发展的关键因素。

(4)对策建议。

①强化干散货码头防尘设计和运行管理。

建议在有条件港口开展煤炭码头筒仓、条形仓、球仓等密闭储存技术示范研究,提高安全水平和效能,结合示范工程经验并予以推广。针对我国南北方和沿海、内河等不同水域的典型干散货码头,开展防风抑尘网有效庇护范围研究,加强针对性的环保工程设计和应用,加强干散货码头全过程粉尘防治清洁生产工艺研究,重视老旧港口和内河小规模港口的工艺设备及环保工程的改造,因地制宜采用多种技术手段开展港口粉尘综合整治,对粉尘综合治理成效显著的港口进行经验总结和推广,加强运营期港口码头粉尘防治措施的运行和监督管理,以确保各项措施高效运行。

②加强散货码头企业环保监督管理。

一方面，散货码头企业应建立完善的环境管理及环保设施运行维护台账制度，并结合自身工艺水平和环保设施处理能力，合理确定港区大气保护指标目标，并将环保目标分解，将环保责任落到实处。同时，采取自我加压，实施高水平的粉尘污染防治技术改造，减少粉尘排放总量。另一方面，地方生态环境主管部门应进一步加大散货码头环境执法力度，尤其是采暖季大气污染防治各项措施落实情况。另外，生态环境部门在加强散货码头粉尘污染监督执法的同时，还应注重执法人员专业素质的提升，建立环境执法监管学习交流机制，有针对性地创建各种专业、权威的交流和咨询平台，为散货码头粉尘污染问题查办提供可学、可鉴、可用的参考。

③尽快完善行业粉尘达标排放监测与监管体系。

通过加强干散货码头粉尘污染的环境监测和达标排放监管，有利于"倒逼"企业严格落实各项粉尘无组织管控措施，尤其是不利气象条件下的应对措施，以有效减轻粉尘污染影响。一是建议通过制定《排污单位自行监测技术指南 码头》，进一步明确行业自行监测要求，对未按照自动在线监测装的企业，应结合项目特点及所处区域大气环境等，提高厂界颗粒物自行监测频次，以满足达标监管要求；明确厂界颗粒物、监测工况、气象条件及监测布点要求，避免人为选择小风、低工况条件下开展监测，不能真实反映粉尘污染现状。二是在总结地方试点建设码头港口粉尘在线监测系统的经验基础上，从国家层面出台相关政策文件，逐步推动大型干散货码头安装粉尘自动监测装置，同时对监测仪器设备、方法等进行统一规定，实时监控各时段的厂界粉尘浓度，并要求与生态环境部门联网，及时掌握码头粉尘超标情况，"倒逼"企业提升粉尘综合防治水平。三是考虑行业粉尘污染受风速的影响较大，在极端气象条件下不可避免地存在超标现象，建议尽快研究行业厂界颗粒物达标判定方法，对于安装有粉尘自动监测装置的企业，可通过对在线监测数据的统计分析，豁免特殊不利风速条件下粉尘超标的监测数据，确定年度达标排放率作为考核指标。四是地方生态环境部门要加强对干散货码头的日常监管力度，同时提高粉尘达标排放的执法能力，建议制订"港口码头行业现场执法手册"，统一和规范厂界颗粒物执法现场监测采样要求，尽快研发便携式粉尘检测仪器，以方便执法人员能够现场获取粉尘超标证据。

④加快推动铁水联运发展。

一是建议出台法律文件，明确多式联运的法律地位和职责；建立跨部门的综合协调机构，制定多式联运配套政策，明确多式联运各参与方权利和责任。二是要构建推动铁水联运发展的绿色交通体系，综合考虑铁路网和港口规划的有机衔接；适时发布"铁水联运发展规划"，推动有条件的港口提高铁水联运水平。三是要加快铁水联运的基础设施建设，加大对铁路干支线的投资力度，激励港口、铁路等利益相关方共同投资建设铁路专用线，解决"最后一公里"连接问题。四是要创新铁水联运管理模式，充分整合相关利益方实现区域协调、合理分工和优势互补；构建统一共享的多式联运信息平台，保证大数据的系统性和一致性。

3.1.2　码头 VOC 排放控制

3.1.2.1　油气化工码头油气回收现状

码头挥发性有机物产生环节和易挥性发货种多，主要为局部无组织外排影响。根据《码头油气回收设施建设技术规范（试行）》（JTS 196-12—2017），油气是指原油和汽油、石脑油、航空煤油、溶剂油、芳烃或类似性质石油化工品的在装船作业过程中的挥发油气，主要产生于油品码头和液体化工品码头。2019 年批复的 32 个油气、液体化工码头项目中，包括 5 个成品油品码头项目，货种主要为易挥发的汽油、柴油、石脑油、润滑油、原油等；22 个液体化工码头项目，货种为甲苯、二甲苯等苯系物及混合芳烃、液碱、硫酸、盐酸、乙二醇、二甘醇等；5 个液化天然气（LNG）码头项目。32 个码头项目分别有 11 个和 13 个项目位于环渤海、长江三角洲地区港口群，合计占 67%。液体散货码头在装船（车）、储罐装卸作业和静态呼吸、相关设备"跑、冒、滴、漏"等均会产生一定量的油气，产污环节多，主要为无组织排放形式，若不采取有效管控措施，可能对周边局部区域的大气环境造成明显影响。

行业挥发性有机物产生量不容小觑，不同码头项目之间差异较大，若加强源头控制可明显降低影响。2019 年批复的油品码头项目规模总体较小，均由市级及以下生态环境部门审批，但挥发性有机物总产生量仍然不小。经评估统计，2019 年批复的油气、液体化工码头项目挥发性有机物（以非甲烷总烃或 VOC 计）产生量约 4 224 t/a，采取控制措施后的削减量为 3 746 t/a，排放总量为 478 t/a，平均去除率为 89%，总体效果一般。其中，有 10 个项目针对装船/车或储罐提出了安装油气回收措施要求，上述项目总计挥发性有机物产生量和排放量分别为 4 067 t/a 和 331 t/a，分别占全部油气、液体化工码头项目的 96% 和 69%，其评价去除效率约 92%。

由于不同码头项目的挥发性有机物产生量，与其装卸货种的挥发性能、吞吐量规模、是否涉及装船、装车工艺等因素有关，不同项目间的差别较大。例如，宁波青峙化工码头有限公司一期项目扩建工程（货种为成品油、二甲苯等）挥发性有机物产生量为 1 535 t/a，占年度批复项目总产生量的 36%，实际排放量为 15.7 t/a，环评报告书提出的控制措施去除效率高达 99%。

从整个行业来看，我国有众多的大型原油码头和成品油码头，每年有大量易挥发货种在码头装卸和储存过程中产生 VOC，如不能采取有效控制措施，将明显加大对区域大气质量的影响。按照国家现行 VOC 管理政策，严格落实对码头装船、储罐、装车等重点环节实施油气回收措施，对排放量较大的码头项目加强日常运行监管，对于整个行业实现 VOC 大幅减排具有重要作用，并产生良好的环境效益和经济效益。

3.1.2.2　液体化工码头装船油气回收工艺

《中华人民共和国大气污染防治法》中提出原油成品油码头等应当按照国家有关规定安装油气回收装置并保持正常使用。近年来，在打好污染防治攻坚战、减少挥发性有机物排放的政策要求下，《港口建设项目环境影响评价文件审批原则》中明确提出油气化工码头项目在装船、装卸车等作业环节配置了必要的油气回收处理设施。而从近年来调研情况来看，我国码头油气回收装置成功运行案例较少，多数装置建成后未能得到良好的运行管理，使用效果不佳，亟须加强运行管理。

2019 年批复的 32 个油气、液体化工码头项目中，有 12 个项目要求采取油气回收措施，其中 8 个项目为新建油气回收装置，其余 4 个项目依托现有处理装置，提出的油气回收处理能力为 500~6 250 m³/h。对于码头装船油气回收工艺，项目根据执行的排放标准不同等，主要提出了"冷凝+吸附""冷凝+催化燃烧装置"等处理工艺。从 2019 年评估情况来看，部分液体化工码头项目涉及装船业务，但其环评文件未提出油气回收要求；部分项目虽提出了安装油气回收装置的要求，但未明确给出设计处理能力，或提出的处理工艺难以达到执行的排放标准要求，总体上说就是对所提出的油气回收措施稳定运行及达标排放可行性论证不够充分。

目前，常用的油气回收处理技术根据其基本原理可分为 4 种，即冷凝法、吸收法、吸附法和膜分离法。为了更好地回收油气，达到节能、经济、环保的目的，目前市场上出现了很多复合的工艺方法，如冷凝+吸附法、硅胶+活性炭吸附法和膜+吸附法等。

冷凝+吸附法可以弥补冷凝法处理后尾气排放难以达标的弊端，同时也可较直观地看到回收的液态油品。硅胶+活性炭吸附法的吸附特点：由于硅胶本身不容易自燃，在吸附罐中分层装入硅胶和活性炭后，使活性炭不易发生自燃；此外，相比活性炭，硅胶更适合处理高浓度的油气。因此，原本需活性炭完成的大部分处理工作被硅胶替代，活性炭充分发挥自身低浓度处理的特性，在最后处理过程中起到净化作用，并且解决了活性炭的安全问题。膜+吸附法相对比较成熟，已经在油气回收市场上得到较普遍的应用，特别是应用于成品油的油气回收。因为膜工艺只能达到筛选作用，无法进行气液的转换，因此在处理成品油时，必须后续加入吸附法进行气液相转换。采用膜+吸附法的优势在于电力消耗及制冷剂等辅材的消耗相对较少，回收率较高。

上述这些复合工艺在弥补了传统工艺技术不足的基础上，还达到了提高处理效率、减少占地面积和降低投资成本等效果。采用复合法油气回收工艺的设备，其安全性能相对传统工艺也有所提高，目前复合工艺法是码头油气回收工艺设计的趋势，但现阶段在我国码头油气回收工作中需要更多的验证与研究。

3.1.2.3　港区移动机械清洁能源使用

（1）地方政策加快推进港区使用移动机械清洁能源。

国内很多港口城市出台文件要求港区使用移动机械清洁能源，举例如下：

深圳市人民政府于 2016 年 6 月发布《深圳市绿色低碳港口建设五年行动方案（2016—2020 年）》，要求推进港区内非道路移动机械节能减排技术改造，鼓励淘汰港区内高耗能、低效率的非道路移动机械，不断提高全市港区内非道路移动机械清洁能源的使用率，港区在用柴油非道路移动机械排气烟度的光吸收系数不得超过 0.5 m^{-1}，未达标排放的柴油非道路移动机械必须安装颗粒物捕集器，以确保达标排放。严禁港口各单位和个人使用不具有环保标志的非道路移动机械。

宁波市政府于 2016 年发布的《宁波市大气污染防治条例》要求港区内运输的集装箱车辆和移动机械、装卸机械等码头作业设备应当使用新能源或清洁能源。

厦门市政府于 2017 年发布的《厦门市环境保护"十三五"规划》要求加快"绿色港口"建设，整治港区大型集装箱车辆和作业车辆的尾气排放，推进港区清洁能源利用，大力推广"油改气"和"油改电"。加快船用燃料清洁化进程，严格执行船舶大气污染物排放标准。建立非道路移动源污染控制管理台账，推进燃料低硫化供应。

上海市人民政府制定了《上海国际航运中心建设三年行动计划（2018—2020)》，为促进航运绿色、安全、高效发展，也提出提高港区非道路移动机械清洁能源使用率。

（2）LNG 清洁能源应用成效显著。

LNG 清洁能源应用成效显著。2017 年 8 月，《长江干线京杭运河西江航运干线液化天然气加注码头布局方案（2017—2025 年)》发布，其明确规定，西江航运干线布局 10 处 LNG 加注码头后，珠江航务管理局将 LNG 推广应用作为重中之重纳入《推进珠江黄金水道建设工作方案（2017—2020 年)》和《推进珠江水运绿色发展行动方案》当中。目前，珠江水系共有 3 个部试点示范项目，分别是西江干线广西段、广东段应用 LNG 示范项目和广东省"大宗货物绿色运输北江示范项目"。项目计划新建 158 艘 LNG 动力船舶、配备 4 座 LNG 加注站、34 台 LNG 动力车辆。据了解，目前已经完成新建 31 艘、改建 1 艘，共 32 艘 LNG 动力船舶，建成首座 LNG 动力船舶加注站并投入运营，在珠海港内配置 24 台 LNG 燃料动力车辆。加快清洁能源应用，2017 年全球首艘 2 000 t 级新能源电动自卸船在广州龙穴岛下水，废气污染物及 $PM_{2.5}$ 实现零排放。

3.1.3　船舶废气排放控制

为减少船舶废气污染物排放，近年来国家及相关部门出台一系列政策法规，大力推进靠港船舶岸电设施建设使用。为落实《中华人民共和国大气污染防治法》和《关于全面加强生态环境保护坚决打好污染防治攻坚战的意见》中有关岸电建设要求，目前生态环境部门在码头建设项目（液体化工码头除外）环评管理中已明确要求配套建设岸电设施。2018 年发布的《港口建设项目环境影响评价文件审批原则》中已提出"根据国家相关规划或政策规定，提出了配备岸电设施要求"。根据交通运输部对各地岸电建设和使用情况摸底，至 2019 年年底，全国已建成港口岸电设施 5 400 多套，覆盖泊位 7 000 多个（含水上服务区），其中 76%分布在内河港口。

从 2019 年批复的码头项目环评文件来看，77 个干散货（含煤炭、矿石）、件杂、多用途、通用码头项目中有 22 个提出了岸电建设要求，占比 28.6%；5 个集装箱专用码头项目中有 3 个提出了岸电建设要求，占比 60%。可见，2019 年批复的码头项目岸电设施建设实施情况一般。本次评估分析认为，其主要原因：一是之前发布的国家和主管部门岸电管理政策、布局建设方案等，重点推进建设的是主要港口和排放控制区内的港口，对其他区域港口还未明确要求，而 2019 年批复的码头项目中有相当一部分项目未在要求的主要港口和排放控制区内；二是岸电政策推广时间不长，一些小型码头建设项目业主考虑资金、场地、技术等方面的限制，还未能引起足够的重视，各级生态环境部门对船舶岸电政策的理解上也还未形成环保共识，对不同地区、不同类型和规模的码头项目要求还不完全一致。

2019 年 12 月，交通运输部发布实施了《港口和船舶岸电管理办法》，其对码头建设及使用岸电设施等提出了强制性要求。因此，2020 年以后，港口码头配套建设岸电设施的管理政策要求，将会更加引起码头建设企业、地方生态环境部门的重视，其环评管理要求得到进一步落实。

船舶岸电使用推广尚存一定制约因素。一是全国规模以上港口具备向船舶提供岸电能力的生产性泊位尚未达到规划要求，从目前调研情况来看，集装箱码头岸电设施建设运营情况相对较好，此外，船舶岸电设施改造还需加快推进。二是部分港口不在船舶大气污染排放控制区，缺少强制性船舶使用岸电的政策支持，船方对高压岸电联船工作响应不积极。三是目前船舶燃油成本与岸电供电成本存在倒挂，船舶使用岸电处于亏损状态。四是船舶授电设备、岸基供电设备的厂家不一致，每次船舶岸电联船，港口及船方需要派出技术人员做大量的测试和调试工作，并需要依赖设备厂家技术人员，导致船舶岸电联船准备时间过长（一般需 2～4 h），对船时效率造成一定影响。

3.2 水污染防治

3.2.1 港口污水（码头含尘、含油污水等）

3.2.1.1 港口码头污水处理现状

（1）不同码头类型废水种类差别较大。

由于装卸货类及工艺不同，不同码头类型废水种类差别较大。港口行业码头类型较多，一般可分为干散货码头、液体散货码头、集装箱码头以及件杂、多用途、通用码头等，由于装卸货类及工艺不同，其产生的废水种类差别较大，主要包括生活污水、含油污水、含尘污水、洗箱废水以及船舶污水等。其中，干散货码头主要产生含尘废水，为码头平台、堆场、道路及其他装卸设施等污染区域的地表冲洗水和初期雨水，主要污染物为悬浮物；油品码头主要产生含油废水，为码头平台、储罐、装车区等污染区域的地表冲洗水和初期雨水，主要污染物为石油类。船舶污水种类较多，包括生活污水、含油污水、压载水、洗舱水（运输液体化工品）等，大多数码头项目船舶废水不直接通过码头上岸，而是通过海事部门认可的方式接收处置。

（2）码头废水中含尘废水量占比较大。

通过选取 2019 年各级生态环境部门批复的 114 个港口码头项目进行统计分析，废水产生总量为 328 万 t/a，平均约 1 万 t/d；平均每个项目产生 2.88 万 t/a，与大部分工业项目相比，行业废水产生量相对较小。其中，干散货（含煤炭、矿石）、件杂、多用途、通用码头项目（77 个），油气、液体化工码头项目（32 个）及集装箱专用码头项目（5 个）的废水产生总量分别约 292 万 t/a、31 万 t/a 及 5 万 t/a，占比分别为 89%、9.5% 及 1.5%。其中，含尘污水产生总量达 242 万 t/a，占比 73.8%，主要是由于年度批复的干散货码头项目数量较多，且码头及其后方堆场可能受粉尘污染的区域面积较大。

（3）码头废水回用率较高。

从废水回用情况来看，114 个港口码头项目废水回用总量约 252 万 t/a，平均回用率高达 76.8%。其中，干散货码头的含尘废水要求回用率达到 100%，主要回用于堆场喷淋等降尘设施、道路抑尘、车辆冲洗、绿化等；而油气、液体化工码头和集装箱专用码头的废水回用率很低（分别为 6.5% 和 0%），仅有 2 个液化天然气接收站项目和 1 个液体化工码头项目提出了回用。由于干散货码头实施喷淋洒水等降尘措施、港口绿化、地表冲洗等均需消耗大量的水资源，因此港口码头企业总体比较重视含尘废水处理达标后回用，尤其是北方沿海缺水地区，可以极大地减少新鲜水消耗量和废水外排量，具有明显的经济效益和环境效益。

从废水排放情况来看，114 个港口码头项目总计废水外排量约 76 万 t/a（2 100 t/d），主要为生活污水和含油污水，废水排放量不大，且废水类型不复杂。废水经码头项目预处理，均进入后方的港区集中污水处理设施进行处理后再统一回用或外排。

结合港口码头项目环保验收及现场调研情况来看，码头及后方堆场或罐区、装卸区等产生的生产废水、生活污水总体量不大，其中含尘污水基本得到了回用，仅在暴雨期存在雨污水难以全部储存回用而外排的情况；生活污水、含油污水等经预处理后能够满足港区污水处理设施接管标准，行业水环境影响整体可以接受。目前行业存在的水环境问题，主要在于船舶污水、洗舱水等岸上接收处置设施不足，沿海、内河航行时船舶污水收集处置和外排监管等问题。

（4）港口岸上污水处理设施运行总体情况较好。

从环保验收情况来看，新建港口码头项目基本建立了完善的岸上生产废水、生活污水收集和回用系统，包括收集码头平台、堆场、装卸区等污染区域的含尘污水、含油污水、冲洗污水、初期雨水等，能够按照环评及批复要求自建污水处理设施或预处理后接入港区污水处理厂，从环保验收监测数据来看，大部分港口码头项目岸上污水经处理后能够满足相关排放或回用标准。例如，宁波-舟山港衢山港区鼠浪湖岛矿石中转码头工程，雨水及含尘污水和港区生产、生活辅助设施的生活污水处理达到回用标准后，全部作为除尘水回用。

3.2.1.2　港口码头污水处理工艺

（1）港口码头含油污水处理工艺。

码头含油污水处理工艺基本成熟，能够满足达标排放要求。码头含油污水主要为油品码头及库区地表冲洗水、初期雨水以及岸上接收的船舶油污水等，码头含油污水处理一般根据油品性质选取不同工艺，主要采用调节、隔油、气浮等处理工艺，处理后的污水中如有机物、色度和臭味仍不能达标时，还可采用活性炭吸附工艺。大多数项目含油污水经预处理后再排入港区集中污水处理厂进一步处理。总体来说，目前港口码头含油污水处理工艺比较成熟，实际应用较多，能够满足达标排放或接管要求。

（2）港口码头含尘污水处理工艺。

码头含尘污水处理工艺总体简单，需重视企业环境管理。一方面，干散货码头实施抑尘措施需消耗大量的水资源，含尘污水回用可以部分解决水资源短缺问题并降低水耗成本；另一方面，可以减少含尘污水外排对河流和海域水质的影响，因此现阶段环评中明确要求含尘污水经收集处理达标后全部进行回用。《水运工程环境保护设计规范》（JTS 149—2018）提出含煤、矿污水处理工艺一般采用"调节沉淀+絮凝沉淀"，磷矿、石灰石等非金属矿石含矿污水应进行 pH 值调整预处理，含煤、矿污水采用混凝沉淀工艺处理后回用喷淋时应进行消毒。

从含尘污水处理工艺技术来看，"混凝沉淀"等处理技术较成熟，如在设计阶段结合含尘污水性质、水量及回用途径等开展针对性设计，并加强日常运营维护管理，在技术上满足回用标准并进行综合利用问题不大，并具有一定的经济效益。关键在于码头项目含尘污水产生环节多、在暴雨期产生量大，如企业环境管理不到位，不能对全部含尘污水有效进行收集和临时储存，就可能出现外排甚至超标排放等问题。

3.2.2　船舶污水（洗舱水等）

3.2.2.1　船舶洗舱水接收处置现状

（1）船舶含油洗舱水。

对于船舶含油洗舱水，按照公约及《船舶水污染物排放控制标准》（GB 3552—2018），内河油船目前洗舱水按标准规定不得外排入水体，须收集并排入接收设施，沿海 150 总吨以下油船不得外排入水体，须收集并排入接收设施。沿海 150 总吨及以上油船的含货油残余物的油污水，在距最近陆地 50 n mile 以内要求排入接收设施，50 n mile 以外按规定要求排放。油船洗舱后的油污水可存放于污油舱，由舱底水的接收设施接收，目前船舶含油污水的处理技术目前较为成熟，因此含油洗舱水基本处于可控范围。

（2）船舶含化学品洗舱水。

对于内河船舶，我国内河危化品船舶尚未要求进行预洗，为保证货品质量，以及防止不同货物之间的化学反应危及航行安全，货主一般要求船公司在更换不相容货物时进行洗舱，或采取专船专用运输。我国《防治船舶污染内河水域环境管理规定》《内河船检规则》等部门规章和文件中，均禁止船舶向内河水体排放或者含有有毒液体物质及其残余物的压载水、洗舱水或者其他混合物。内河船舶化学品洗舱水要求全部收集并排入接收设施。

内河船舶基本未配备自洗舱设备，主要依靠长江干线上已经建成的 5 座固定洗舱站及部分流动洗舱作业船进行洗舱。5 座固定洗舱站设置的污水处理设施，其中 1 座为污水处理站，1 座为污水预处理设施（气浮），2 座仅有污水回收罐，还有 1 座无处理设施。而洗舱作业船洗舱后废水被排放至船舶液货舱中进行储存，并转至岸上处理排放。

可见，现有的固定洗舱站基本未配备洗舱水的处理设施，船舶洗舱后产生的含有毒液体物质主要由洗舱站交外协单位处理。此外，由于我国内河洗舱站总量少且功能不完善，洗舱水接收设施不足，相关标准等不健全，且监管难度大，导致部分洗舱水去向不明。目前，长江干线上新规划建设投运的洗舱站，如镇江海港区中化南通水上洗舱站、如皋港区阳鸿石化水上洗舱站，均同时在后方库区新建了一座洗舱污水处理站，预计处理能力可达 3 万 t/a，满足前方洗舱产生的化工污水达标处理要求。

对于沿海船舶，根据 MARPOL 公约及《船舶水污染物排放控制标准》（GB 3552—2018）要求，沿海船舶按规定程序卸货，并按规定预洗、有效扫舱或通风，预洗之后船舶产生的含有毒液体物质的污水可在距最近陆地 12 n mile 以外（含）且水深不少于 25 m 的海域按类别按要求排放。对于船舶在离开卸货港前预洗的情况，预洗产生的洗舱水应排入接收设施。对于接收的化学品洗舱水，部分运送至化工园区污水处理设施处理，排放标准主要执行《石油化学工业污染物排放标准》（GB 31570—2015）。同时，也存在部分偷排漏排现象。

3.2.2.2 船舶污水处理方法

（1）物理法。

①重力分离法：利用重力作用原理使废水中的悬浮物与水分离，去除悬浮物质而使废水净化的方法。可分为沉降法和上浮法。悬浮物比重大于废水者沉降，小于废水者上浮。影响沉淀或上浮速度的主要因素：颗粒密度、粒径大小、液体温度、液体密度和绝对黏滞度等。此种物理处理法是最常用、最基本的废水处理法，应用历史较久。目前本法只作为污水的预处理或初级处理而有所应用，若要实现达标排放，必须后续采取更有效的处理措施。

②絮凝沉淀法：絮凝沉淀法可分为投加絮凝剂法和电絮凝法。常用的絮凝剂有硫酸铝、硫酸亚铁、三氯化铁、聚合氯化铝、聚合硫酸铁等无机混凝剂和聚丙烯酰胺、丙烯酰胺、二丙烯二甲基胺等有机絮凝剂。通常有机絮凝剂的效果较好，但价格较高。为了加强絮凝效果，可将不同电荷类型的两种絮凝剂复合使用。电絮凝法指利用电的解离作用，在化学凝聚剂的协助下，除去废水中的污染物或把有毒物转化为无毒物的方法。电絮凝法的反应原理是以铝、铁等金属为阳极，在直流电的作用下，阳极被溶蚀，产生 Al、Fe 等离子，再经一系列水解、聚合及亚铁的氧化过程，发展成各种羟基络合物、多核羟基络合物以及氢氧化物，使废水中的胶态杂质、悬浮杂质凝聚沉淀而分离。同时，带电的污染物颗粒在电场中泳动，其部分电荷被电极中和而促使其脱稳聚沉。废水进行电解絮凝处理时，不仅对胶态杂质及悬浮杂质有凝聚沉淀作用，而且由于阳极的氧化作用和阴极的还原作用，能去除水中多种污染物。

③过滤法：过滤法是使含油污水流过颗粒介质滤床，利用惯性碰撞、筛分、表面黏附、聚并等作用把微小油滴截留在过滤介质表面并聚集成大油滴而上浮分离的处理方法。常用滤料有石英砂、无烟煤、玻璃纤维、高分子聚合物等。该法可有效去除含油废水中的分散油和乳化油成分。一般用于二级处理或深度处理。

过滤法设备简单、投资少、操作方便，但处理速度较慢，随着运行时间增加，过滤介质表面形成逐渐增厚的油膜使阻力增加。有可能出现油膜被突破的危险，所以必须进行反冲洗，清除过滤介质表面的杂质，以保证正常运行。

④吸附法：利用多孔固体吸附剂对含油废水中的溶解油及其他溶解性的有机

物进行表面吸附从而使其与水分离的方法。吸附过程是个放热过程，吸附剂的加入可降低油污水的表面能，使吸附过程能进行。但吸附过程存在一定的限度，饱和后须对吸附剂进行再生以重复应用，但再生不能完全恢复原有的吸附能力，故需经常补充或更换吸附材料。目前较为常见的多孔吸附剂主要有金属有机框架（MOF）、生物碳、活性炭、人造沸石或者天然矿物等。其中，活性炭是最常用的吸附剂，对有机物的吸附容量较大，但价格较贵、再生复杂，所以目前只用于水质较好，或者有机污染浓度不太高的污水的多级处理工艺的最后一级。天然矿物在自然界中的广泛分布，如高岭土、海泡石、蒙脱石、硅藻土、沸石等天然矿物来源广泛、价格低廉，具有取代传统的高成本处理重金属废水方法的潜力，改性之后对重金属离子有更好的效果。用廉价的天然矿物吸附剂、粉煤灰或炉渣等废料可替代活性炭，但废渣的处置仍是一个问题。

（2）化学氧化法。

①AOPs 法。1987 年，美国科学家 Glaze 等将水处理过程中以羟基自由基（·OH）作为主要氧化剂的氧化过程称为 AOPs 过程（Advanced oxidation processes，AOPs），即高级氧化过程，用于水处理时则称为 AOP 法（高级氧化法）。当时提出典型的 AOPs 过程有光化学氧化、声化学氧化、臭氧氧化、Fenton 氧化等。高级氧化技术又称作深度氧化技术，以产生具有强氧化能力的·OH 为特点，在高温高压、电、声、光辐照、催化剂等反应条件下，使大分子难降解有机物氧化成低毒或无毒的小分子物质。

②光化学氧化法：由于反应条件温和、氧化能力强，光化学氧化法近年来迅速发展，但由于反应条件的限制，光化学法处理有机物时会产生多种芳香族有机中间体，致使有机物降解不够彻底，这成了光化学氧化需要克服的问题。光激发氧化法主要以 O_3、H_2O_2、O_2 和空气作为氧化剂，在光辐射作用下产生·OH；光催化氧化法则是在反应溶液中加入一定量的半导体催化剂，使其在紫外光的照射下产生·OH，两者都是通过·OH 的强氧化作用对有机污染物进行处理。

③声化学氧化法：声化学氧化中主要是超声波的利用。超声波法用于有机污染废水的处理主要有两个方面：一是利用频率在 15 kHz～1 MHz 的声波，在微小的区域内瞬间高温高压下产生的氧化剂（如·OH）去除难降解有机物；二是超声波吹脱，主要用于废水中高浓度的难降解有机物的处理。

④臭氧氧化法：臭氧作用于水中污染物有两种途径。一种途径是直接氧化，即臭氧分子和水中的污染物直接作用。这个过程臭氧能氧化水中的一些大分子天然有机物，如腐殖酸、富里酸等，同时也能氧化一些挥发性有机污染物和一些无机污染物，如铁离子、锰离子。直接氧化作用缓慢且具有一定的选择性，即臭氧分子只能和水中含有不饱和键的有机污染物或金属离子作用。另一种途径是间接氧化，即臭氧部分分解产生羟基自由基和水中有机物作用，间接氧化反应相当快，具有非选择性，能够和多种污染物反应。

⑤Fenton 氧化法：1894 年首次研究表明，H_2O_2 在 Fe^{2+} 的催化作用下具有氧化多种有机物的能力。过氧化氢与亚铁离子的结合即为 Fenton 试剂，其中 Fe^{2+} 主要是作为同质催化剂，而 H_2O_2 则起氧化作用。Fenton 试剂具有极强的氧化能力，特别适用于某些难生物降解的或对生物有毒性的工业废水的处理上，所以 Fenton 氧化法越来越受到人们的广泛关注。Fenton 试剂是由 H_2O_2 和 $FeSO_4$ 按一定摩尔比混合而成的一种强氧化剂，同时兼有氧化和凝聚作用。对于各种有机物均有较高去除效率，但该法会使污泥量增加，而且 H_2O_2 和 $FeSO_4$ 有效用量受废水杂质的影响显著。另外，该法氧化处理最佳 pH 在 3 左右，所以处理前需用酸调节 pH 值，处理后需用碱调节废水至弱碱性以完成凝聚过程。因此，酸碱药品消耗量较大。

3.2.2.3 船舶洗舱水处理方法

国外主要利用电絮凝法和吸附法处理船舶洗舱水。其中，电絮凝法较为常见，该方法适用范围广，在不同的 pH 值、污染物浓度，对于悬浮固体、金属离子（铁、镍、铜、锌、铅、镉）、油类脂类及各种有机物均有较好的处理效果。但电絮凝法存在能耗较高的缺点。

采用吸附法处理废水成本低廉、方法简单，同样也很受欢迎。国外常用的吸附剂包括金属有机框架、活性炭、自然纤维、工业及农业废物等，但吸附剂的理化性质对于吸附效果的影响比较明显。因此，需要对吸附剂进行改性，但吸附剂容易失活且无法从根源消除污染物质。

国内船舶现多采用"专船专货"的方式运输化工品，从源头上减少了化学品洗舱水的产生。通常在化学品船换货时，会产生化学品洗舱水。而根据国际公约，

X 类物质、Y 类高黏度或固化物质在卸货后需进行强制洗舱作业。船舶洗舱水处理的工艺较复杂且处理成本较高，大部分危险品码头和港口洗舱水接收船舶没有配备洗舱水处理设施，对接收后的洗舱水无法实施无害处理，只能送到港口或化工园区污水处理厂进行处理。化工园区污水处理厂主要采用活性污泥法，并辅以电解法、酸碱调节、生物膜过滤等处理工艺。

《水运工程环境保护设计规范》（JTS 149—2018）提出，化学品洗舱水处理工艺应根据废水的种类和性质确定，宜采用图 3-41 所示方法。

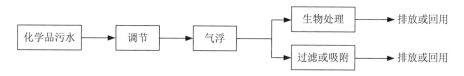

图 3-41　化学品污水处理工艺流程

总体上看，目前我国化学品洗舱水处理工艺不成熟，一般的污水处理厂并不能满足处理散化船洗舱水的要求，且易产生二次污染。

为开发新型高效的洗舱水处理技术，很多研究者开展了大量的相关研究。陈思莉等研究了 Fenton 试剂处理港口化学品模拟废水，取得了一定的处理效果。汪晓军等采用隔油气浮-曝气生物滤池-臭氧氧化组合工艺，对 COD 进水 1 200 mg/L 的化学品废水进行了工程化应用，出水可回用作生活杂用水。李楠等研究了微波强化催化湿式过氧化氢氧化技术模拟处理苯酚废水，废水处理成本控制在每吨100 元以内。丛丛等采用臭氧-曝气生物滤池工艺对广东某港口化学品废水进行处理。针对此类废水 COD 高、水质变化大、成分复杂的特点，探讨了废水的初始pH 值、臭氧投加量和催化剂等因素对臭氧氧化的影响，臭氧对废水可生化性的改善情况、不同曝气生物滤池停留时间对废水 COD 去除率的影响。处理后废水达到排放城市污水处理厂的废水接纳标准。

3.2.2.4　问题分析及对策建议

（1）问题分析。

船舶洗舱水主要来自散装液货船换货洗舱、进坞维修前的清洗舱作业产生的洗舱水，前者产生量占 70% 以上。船舶洗舱水包括含货油残余物的油污水和含有毒液体物质的污水两大类，洗舱水如违规排放将破坏水域生态环境，并对人体健康造成危害。目前船舶洗舱水在设施建设、管理政策、处置技术及监督管理等方面仍存在一定问题：

①岸上洗舱和洗舱水接收设施不足。我国内河洗舱站总量少，且主要分布在上游河段，洗舱站站点和功能不完善，仅重庆 2 座洗舱站具备化学品船舶洗舱能力，不能满足内河船舶洗仓要求；部分危险品码头未配备相应的洗舱水接收设施，或对接收洗舱水的品种和数量估计不够，不能满足接收靠泊船舶洗舱水的要求。

②虽然国际公约和我国水污染防治相关标准对船舶洗仓水外排水体有明确的规定，但我国尚未出台船舶洗舱水岸上处理处置后的相关排放标准；内河船舶尚无强制预洗的规定和要求，洗仓站建设、洗舱作业等标准还不完善；海事部门基本未配置用于监测洗舱水水质的仪器，有关监测尚未常规化和制度化。

③相关责任部门尚未建立协调统一的管理机制。海事部门具有监管船舶航行期间污染物排放、船舶在港卸货后扫舱、洗舱水接收上岸等职责；洗舱水在港口接收后交由港口管理部门负责，洗舱水处理后达标排放则由生态环境等主管部门监管。目前海事、生态环境及港口等管理部门尚未能统一协调，难以全过程监管洗舱水的转运、处置和特征污染物达标排放等。

④洗舱水岸上无害化处理技术仍不成熟。洗舱水处理工艺复杂且成本较高，大部分码头和港口洗舱水接收船舶没有配备洗舱水处理设施，无法对接收的洗舱水进行无害处置，只能送至周边污水处理厂进行处理，部分甚至违规直接排入水域，此外，一般的污水处理厂并不能满足船舶洗舱水处置要求。液体化工船舶洗舱水水质复杂，部分港口主要采用 SBR 或曝气生物滤池等生化法处理洗舱水，前置预处理采用隔油、气浮等物理措施，或电催化氧化、臭氧氧化等工艺以降低后续生化处理难度，后置工艺有砂滤或活性炭吸附等。上述工艺大多可有效降解化学需氧量，但一些特征污染因子（如苯系物）生化降解效果较差，难以达到排放标准限值要求。含化学品污水的处理工艺及设备，目前在行业中还处于研究开发阶段，尚未形成标准化、系列化。

⑤洗舱水全过程监管尚未实现。海事、生态环境等相关部门尚未建立信息沟通机制和渠道，船舶污染物的水陆衔接不畅。海事部门无法掌握污染物上岸后的

去向及处置情况,生态环境、港航、环卫、水务等部门也无法掌握船舶污染物接收种类、数量。船舶污染物从接收到最终处置未能进行全过程监管。在监管手段上,对船舶污染物排放的监管主要采用文书检查方式,监测能力不足、尚未开展常态化排放监测工作。

(2)对策建议。

①推进岸上洗舱设施和洗舱水接收能力建设。加快实施交通运输部发布的《长江干线水上洗舱站布局方案》,到 2020 年共布局 13 处洗舱站,2025 年布局 17 处洗舱站,以完善内河洗舱站站点和功能;落实《中华人民共和国水污染防治法》要求,加强船舶化学品洗舱水接收能力建设,地方政府部门应当定期对港口停靠船舶的数量、运输货种及运量、洗舱水排放量进行评估,统筹规划建设船舶洗舱水的接收、转运及处理处置设施。

②完善内河洗舱及洗舱水处置技术标准。对于内河洗舱站,研究完善内河洗舱站码头相关建设标准,出台船舶强制预洗规定、洗舱作业标准规范等;提高散装液体化学品船相关技术标准要求,推动船舶进站洗舱和洗舱水上岸处理,促使长江洗舱站建设运行、船舶洗舱规范化发展;针对危化品洗舱水特点,尽快研究制定船舶洗舱水岸上处置设施排放标准,以确保各项特征污染因子得到处置和达标排放。

③建立和严格落实洗舱水接收、转运及处置多部门联合监管制度,强化监测和监管能力建设。海事、港口、生态环境等部门根据各自的管辖权限,建立沟通协商机制,对洗舱水进行跟踪管理,实施联合检查执法和实现信息共享。建立完善船舶洗舱水接收、转运、处置的监管联单制度,并对联单制度实施全流程监管。

④进一步加强洗舱水岸上无害化处理技术研究。针对船舶化学品洗舱水现行处理工艺缺陷问题,加快研发化学品洗舱水岸上综合处理技术,洗舱水快速检测技术,加大对适合我国国情、高效、低耗和低成本的船舶洗舱水处理技术研发的支持力度,并鼓励新技术的推广应用。

3.3 水生生态保护

3.3.1 航道建设工程内容

平原河流及河口段经常由于泥沙堆积造成水深不足，出现浅滩；有的山区河流河床边界一般为岩石，局部河段落差大，坡陡流急，船舶上行困难，下行危险，加之河段水深和宽度不足，出现急流滩；有的河段弯曲半径小，存在险恶的流态，驾驶中容易发生事故，出现险滩。因此，经常要采取一些工程措施来改善天然河道通航条件或提高其通航标准，这些工程措施统称为航道工程。

航道工程包括整治工程、疏浚工程、渠化工程、径流调节、运河工程及一些辅助工程措施。根据《航道工程基本术语标准》（JTJ/T 204—96），航道整治工程是指通过整治建筑物或其他工程措施调整河槽形态和水、沙流路，从而改善航道航行条件，稳定有利河势的工程。航道整治是通过布置丁坝、顺坝、潜坝、锁坝、鱼骨坝等各类型整治建筑物来调整河床，引导水流等方面的关系；分析研究碍航河段的碍航原因，合理选择有针对性的工程实施方案。因为各航道的水域环境并不相同，所以在不同的水域环境下需采用不同的整治方式，较为常见的方式有疏浚、炸礁、筑坝、护岸、护滩等。

3.3.1.1 整治建筑物

航道整治工程是通过建设或整治建筑物来调整和控制水流，稳定有利河势，以便达到稳定航槽；刷深浅滩，增加航道水深，拓宽航道宽度，增大弯曲半径；降低急流滩的流速；改善险滩的流态等目的，使航道航行条件得以改善的工程措施。航道整治建筑物是指能够稳定有利河势，起到束水、导流、导沙、固滩和护岸等作用的建筑物的水工建筑物。根据对水流的干扰程度，分为实体型整治建筑物和透水型整治建筑物；根据与水位的情况，分为淹没型整治建筑物和非淹没型整治建筑物；根据航道整治建筑物的构造不同，分为丁坝、顺坝、锁坝和潜坝等。

丁坝是最常用的整治建筑物。丁坝坝根与河岸连接，坝头伸向河心，坝轴线与水流方向正交或者斜交，在平面上与河岸构成丁字形，形成横向阻水的整治建筑物。丁坝有束窄河床、导水归槽、调整流向、改变流速、冲刷浅滩、导引泥沙等主要作用，以达到保护河岸和构造物免受冲刷的目的。丁坝可以单个使用，也可几个并列成丁坝群使用。丁坝的走向深入河道，用来使水流集中在河道中心以加快流速、刷深河床、抑制泥沙沉积、加深航道水深等，同时也在改善航道、维护河相以及保护生态多样化方面发挥着作用。顺坝又称导流坝，是一种与水流方向大致平行，顺流向布置的整治建筑物，主要起引导水流、束狭河床的作用，其坝根和河岸相连接，坝轴线大多在航道整治线上，下端延伸向下深槽。顺坝的主要作用是导流，且具有束水归槽、改变水沙流向、增大航道流速或调整水流比降、壅高水位、改善流态等作用。锁坝又称堵坝，是一种拦断河流汊道的水工建筑物，用于调整河流比降和稳定河床的作用。锁坝两段嵌入河岸或江心洲，形成两个坝根而没有坝头，坝顶总部呈水平，两侧向河岸抬升。把水流集中到可以利用的较宽航道中，增加航道水流速度和水深，满足船通航的要求。潜坝是为了壅高上游水位、增加河道水深、促淤赶沙和消除不良流态，最枯水位时均潜没在水下而不碍航的建筑物。

坝的设置会明显改变所在河段的水动力条件。施工后，坝体上游、下游河段的水文情势将改变，局部河道的水流流向和流场发生变化，丁坝、潜坝和梳齿坝体的上游、下游可能形成回水区或缓流区，抬升部分河段水位。如丁坝是通过改变流场分布、水体流态、水深、流速等水动力条件和河床形态，从而改变周围生物的分布格局。丁坝建成后，其附近形成不同的流态区域，急流区由于流速大，河床易冲刷，尤其是坝头处床沙粗化，底质条件恶劣，不适合大多数底栖动物和鱼类生存；回流区生态条件相对良好，流速和水深较适宜，有稳定的底质供底栖动物栖息和水生植物扎根，鱼类等其他动物也会选择在此生活。如果坝田过度淤积甚至淤死反而使鱼类等丧失生存空间，恶化河流生态。倘若丁坝设置得当，回流区对主流区的生态损失进行补偿，并在整个河段营造出深潭、浅滩、急流、缓流相间的多样化河流形态，则有利于增加生物多样性，改善生态条件。在这种情况下，丁坝将对河流生态产生显著的有利影响。坝会阻隔近岸水域的纵向连续性，使得因主流区流速过大而失去洄游通道的鱼类，也失去了沿岸洄游的补偿机会，导致鱼类难以完成正常的生活史，种群日渐衰退。同时，当丁坝所在区域涉及产卵场、越冬场等重要生境，或珍稀鱼类及种质资源的保护区，工程完工后又缺乏有效的补救措施，那么此种情况所造成的生态破坏是比较大的，将使受影响的鱼类资源因栖息地消失而导致种类和数量在短时间下降。在这种情况下，筑坝工程将对河流生态产生不利影响。

3.3.1.2　守护工程

护岸是指防止波浪、水流侵蚀河岸的工程措施。守护工程常和其他整治工程结合以进行航道建设，主要用来抑制崩岸，防止水流淘刷和波浪冲刷河岸，防止主流顶冲河岸，尤其是在洪水主流顶冲的险工地段，需要修建护岸工程，以保持河势稳定，有效维护堤防安全。护底是护岸的基础部分，是从坡脚向外直至深槽的防护体，可遏制河底的过度冲刷。护岸、护坡、护滩主要用来改变原有的岸坡结构，使得复杂的河流向单一化发展。

护滩带是一种束水归槽稳定航道的建筑物，施工简单、对河势影响小。护滩带根据水道特点和工程作用可分为条状间断守护型、整体守护型和江心滩引导水流守护型 3 种类型。条状间断守护型用于控制水流横向摆动造成侧蚀严重的边滩守护河段；整体守护型用于控制受到纵向水流和漫滩水流联合作用下遭到破坏的边滩守护河段；江心滩引导水流守护型用于引导水流、守护尾滩并保持滩体形态稳定。

在国内的河道治理工程中，早期护滩、护底工程均是通过大面积"隔断"式工程措施保护岸滩和航道，在河道生态方面欠缺保护和治理措施。如浆砌块石、铺盖混凝土等结构体较大程度隔绝了床面和滩面与水体的交换，破坏了水生动植物的生存环境，不利于水生生物的发育和繁殖。

3.3.1.3　疏浚工程

航道疏浚工程是通过调整河床边界达到改善航道条件的工程措施。航道疏浚包括挖槽定线，挖槽断面尺寸的确定，挖泥船的选择和弃土处理。

在对内河进行疏浚前，先让有挖泥经验的工作人员对其进行试挖，确定挖泥技术参数，选择合理的施工组合。在进行疏浚的过程中，根据其泄漏以及回淤的实际情况来确定其开挖深度。疏浚泥土的处理主要有 3 种方法，即吹填法、边抛法和抛泥法。吹填法主要是利用泥泵将挖出的泥土运送到填土区域，使泥土得到合理的利用。边抛法，在疏浚过程中，泥浆的动能以及位能都相对较大，因此，泥浆从旁通口出来后会马上潜入水底，当泥浆在与水体进行接触摩擦的过程中，泥浆的能量就会逐渐消失，泥浆中的土块就会沉积下来，最终成为河床的一部分。那些较为细小的泥沙就会扩散到河水中，随着水流的不断增大，泥沙的数量也会变得越来越多，沉积后的泥沙会与潜入点的距离变长。抛泥法，当泥土的利用情况受到河道两岸的地形、挖掘设备以及土质等因素影响时，就必须对其抛泥地点进行合理的选择，最好选择那些流速较小、容积较大、不容易产生淤积的水域。

疏浚工程对河流生态的影响主要发生在施工期。底泥疏浚直接挖除了底栖生物，会破坏鱼类的食物链，使鱼类失去食物来源。据资料显示，大多数底栖生物生活在表层 30 cm 的沉积物中，若疏浚深度在 7～13 cm，底栖生物可能会在 15 d 后得到恢复；若疏浚深度达到 20 cm，疏浚后 60 d 才会开始恢复。倘若底泥被完全挖除，可能要 2～3 a 才能重建底栖生物群落，不利于水生生态的自我修复。疏浚底泥的倾倒会使外来沉积物在倾倒区内增加，造成表层沉积物环境极不稳定，改变表层沉积物环境的物理状况、化学组成等。疏浚施工会扰动水体及底质，使底泥污染物和泥沙颗粒物悬浮，水体浑浊，水质变差；水流和泥沙情况发生突变，使原有流速、水深和底质条件也发生突变，不能适应这种突变的底栖动物和鱼类便会受到生存威胁，种类和数量下降。如果施工水域涉及鱼类栖息地等关键生境，那么受影响的鱼类资源数量将在短时间内下降。

3.3.1.4　炸礁工程

碍航礁石主要分布在长江上游、中游，对其实施清除是实现航道发展规划，发挥航道整治总体效果，减少航行安全隐患的需要，所以炸礁是长江上游、中游航道滩险整治的主要工程内容之一。

传统炸礁施工多采用水下钻孔爆破的方式。水下爆破过程大体可分为 3 个阶段，即炸药的爆轰、冲击波的形成和传播、气泡的振荡和上浮。其中，冲击波是水下爆破的主要作用特征，也是影响河流生态的最主要因素。炸药的爆轰阶段，在爆炸瞬间释放出大量能量，瞬时产生的高温、高压使药包周围的礁石破碎，并在水下形成强烈的"爆轰波"。爆轰波从炮孔中冲出后即转化为冲击波。冲击波也伴随着瞬时高压，并以波动的形式沿各个方向向周围水体传播。由于受摩擦力和黏滞力的影响，随着传播距离增大，冲击波逐渐钝化，强度减弱，最后衰变为声波。声波在水中传播时同样存在能量损失，强度随着传播距离增大而逐渐减弱，直到距离足够远时，声波的影响完全消失。冲击波的强度小于爆轰波，但涉及水域广泛，持续时间较长。

炸礁工程中礁石爆破后引起的河段水文情势变化将改变水生生物的生境，河道部分地形发生变化，原有的急流环境变为缓流，破坏了部分鱼类的栖息地和产卵场，改变了部分水生生物的生境。炸礁施工结束后，礁石生境消失，使原本在此集聚的生物群体失去优良的天然生存环境，生物群体难以自我恢复。礁石是多种水生生物的天然优良栖息地。礁石表面附着有很多微生物，生长有大量的藻类，可为水生生物的聚集、索饵、繁殖、生长、避敌等提供必要的、安全的栖息场所。礁石可以改变水流的流向和流速，改善生物生存的水动力条件，还能产生丰富的流态，使河底的营养物质翻起和扩散，并随水流输送到各层水体中，从而改善河水中营养物质的分布状态。礁石被炸除后，不仅影响局部河段的底质和水流条件，影响河段生态质量，还会直接剥夺原本生物群落聚集的优良生境，并削弱该河段在施工结束后自我恢复的能力。

3.3.2 航道水生生态保护现状

3.3.2.1 水生生态环保措施持续优化

从长江航道的环评审批、验收情况以及"十二五"规划跟踪评价来看，"十一五"时期及之前的航道项目生态措施相对单一，主要是通过避开重要水生动物的洄游高峰期、鱼类产卵繁殖期及鱼苗摄食育肥期及施工前驱鱼等措施保护珍稀水生动物及渔业资源。随着生态保护意识的进一步提升，"十二五"时期的航道项目，除上述施工期保护措施外，还采取增殖放流、鱼类生境修复、生态工程结构、珍稀水生动物迁地保育等措施，甚至为了更好地推进珍稀鱼类保护，长江航道单列专项基金开展江豚救护和繁殖工作。"十三五"时期，在牢固树立"不搞大开发、共抓大保护"的强烈意识情况下，长江航道建设更加突出了"严守生态保护红线"、流域性整体保护、栖息地保护和生境修复。根据长江航道"十三五"规划环评，涉及保护区的航道整治项目暂缓实施 9 项、整体取消 7 项、优化调整 5 项，共涉及长江干线约 1 490 km；并且，为加强流域性整体保护，农业部和交通运输部签订了《共同开展长江大保护合作框架协议》。

3.3.2.2 生态航道示范工程初见成效

作为生态航道示范江段，长江中游荆江航道开展了一系列生态工程研究和实践，开发和采用了多种生态工程结构（透水框架、鱼巢砖、钢丝网格、生态袋钢丝网格、植生型钢丝网格、生态护坡砖、生态固滩等），积极修复水、岸、滩的自然生态，保护生物多样性。根据长江航道"十二五"规划跟踪评价，荆江航道生态示范工程共实施 55 个，水下生态修复总面积达 72 万 m^2，岸滩生态修复总面积达 147 万 m^2。通过生态调查发现：鱼巢砖已经形成鱼类产卵和栖息生境，黄颡鱼和其他底栖生物大量出现；透水框架工程区有利于底栖动物的生存和发展，其生物密度、生物量等各项生态指数均高于非工程区；生态护坡示范工程中的三维植生网和生态袋的改进技术促进了岸坡植被的有效恢复，具有更好的推广前景；生态护滩工程实施 1 年内基本实现了守护范围内植被完全覆盖，植被盖度达 90%以上，改善了土壤，生物多样性也明显增加；软体排压载技术示范工程塑造了具备多样性的近底流态，工程区浮游植物与浮游动物群落结构及现存量恢复效果良好。

3.3.2.3 对珍稀水生动物的保护明显加强

"十二五"时期以来，长江航道建设项目明显加强了对江豚、中华鲟等珍稀水生动物的保护，措施从单一保护到实施避让、施工优化、生境修复和补偿、救助、迁地保护等综合措施。一是优化工程设计取消了位于保护区内的整治工程，如取消位于长江新螺白鱀豚国家级自然保护区核心区、缓冲区内的工程，减少了长江湖北宜昌中华鲟自然保护区内的规划工程。二是采取施工避让，涉水施工避开中华鲟亲本和幼体在本河段的洄游时间，减少干扰。三是加强施工爆破噪声控制，对江豚进行监控和驱赶，一旦发现江豚出现在施工水域或有靠近施工水域的趋势，视具体情况采取停工措施，甚至单列了专项基金开展江豚救护和繁殖工作。四是开始江豚迁地保护工作，2016 年 11 月长江下游的首个江豚迁地保护区——安庆西江长江江豚保护区正式启用，有 6 头江豚被投放到该保护区内；2017 年 3 月，长江江豚拯救行动计划迁地保护项目在江西鄱阳湖启动，将 8 头年轻体健的江豚捕捞并送到湖北监利、石首，进行江豚种群调整和互换。

3.3.2.4　水生生态保护研究的关注重点从单个研究对象转入流域性整体保护研究

航道建设的水生生态保护研究领域属于学科交叉领域，涉及水文泥沙、工程、建筑材料、水生动植物等多个学科。"十三五"时期之前，研究工作重点关注航道技术本身、单个生态修复工程（如荆江航道的生态工程）、单个生境和单个生物种群（比如中华鲟的保护、豚类的保护等），研究碎片化现象十分明显。随着水域生态环境系统健康问题的日益突出，水域的开放性和多功能性特点促使了研究工作逐渐朝生态航道系统和流域整体保护等系统性方向转变，综合考虑新水沙条件、生态环境长期累积影响、河流物质通量、上下游连通性、生态承载力等。以长江航道为例，2016 年，长江航道局开展了长江航道水生态环境保护研究方向的总体设计，启动了生态航道、航道通过能力与生态承载能力的研究。

3.3.3　航道建设的生态保护措施

"十一五"时期以来，长江航道整治项目所采取的生态保护措施逐步从单一保护到全过程保护转变，在项目选址和规模论证、施工方案和时序优化、生境恢复和保护、科研工作及环保投资等方面均有不同程度加强。一是严守长江生态保护红线，取消位于自然保护区核心区、缓冲区等生态红线范围内的工程内容；二是考虑从源头上减轻工程影响，针对涉及江豚活动频繁、产卵场等区域开展工程"零方案"比选，优化涉水工程规模；三是优化施工时序，包括涉水施工时间避开鱼类等水生生物繁殖、洄游期，错开相邻航道整治时间，避免叠加影响；四是加强施工期保护，包括驱赶珍稀水生保护动物和鱼群远离施工点，对受伤江豚实施救助，合理控制施工船舶规模和速度；五是实施生态护岸、生态护坡等友好型生态工程结构，促进水生生境在工程结束后一定时间内得到恢复；六是加强增殖放流和人工鱼巢等措施，对底栖生物、鱼类资源的损失进行补偿；七是加强跟踪监测和开展相关科研工作，不断积累工程实施后的水生生态监测数据，对重点措施逐步开展有效性评估。可见，长江航道整治项目水生生态保护措施不断得到加强，在一定程度上减缓了工程建设对水域生态的影响。

3.3.3.1　避免措施

"十二五"规划部分航道涉及自然保护区,生态敏感程度高。在规划环评、项目环评及实施阶段,各整治项目充分考虑了自然保护区等生态敏感区的限制因素,深化研究了保护区的保护要求,采取了规避影响的设计方案,避免环境敏感因素和减少可能造成的不良环境影响,基本落实了规划环评提出的调整建议。

长江水富—宜宾(合江门)30 km 航道涉及长江上游珍稀特有鱼类国家级自然保护区,目前暂未实施;赤壁至潘家湾航道整治工程先期仅实施涉及实验区的整治内容,宜昌—昌门溪河段整治工程先期实施工程规避了自然保护区,上述调整均减少了对保护区和水生生境的不利影响,调整后的施工方案总体趋于环境有利方向(见表 3-11)。

表 3-11　涉自然保护区典型航道建设项目避免措施

序号	航道名称	涉及的自然保护区	避免措施	落实情况
1	长江干线(水富—宜宾段)航道整治工程	长江上游珍稀特有鱼类自然保护区	航道建设结合上游向家坝枢纽建设后的水文情况和鱼类生境变化情况后确定,后期专题研究,重点考虑重建生境可行性	工程暂缓实施
2	长江中游宜昌至昌门溪河段航道整治一期工程	长江宜昌中华鲟自然保护区	工点位于实验区,护滩注意规模,建议取消清障;芦家河位于四大家鱼产卵场,控制挖槽、隔流堤规模,降低对产卵场的影响	已落实,取消位于实验区清障工程,取消了芦家河水道挖槽和隔流堤整治工程
3	长江中游荆江河段航道整治工程(3.5 m)	长江天鹅洲白鱀豚自然保护区、	①长江天鹅洲白鱀豚自然保护区:针对性尽量减少水下施工面积,合并护滩带或采取其他减少水域施工面积的方式,实行生态护坡,保证故道与长江的通畅;②湖北石首麋鹿国家级自然保护区:控制施工范围、加强施工管理,禁止陆域作业	已落实,天鹅洲自然保护区内合并护滩带并减少了占用水域面积;石首麋鹿国家级自然保护区内无施工作业
4	长江中游界牌河段航道整治二期工程	长江新螺段白鱀豚国家级自然保护区	减少对保护区核心区的水域的占用,合理规划布局,通过减少在保护区重要生境的施工强度,维护河势,保证豚类生境	已落实,新螺保护区内减少工程量,暂缓核心区工程
5	长江中游赤壁至潘家湾河段航道整治工程			

序号	航道名称	涉及的自然保护区	避免措施	落实情况
6	长江下游东流水道航道整治二期工程	安庆市江豚自然保护区	整治点位于缓冲区，降低老虎滩滩头区域水域占用，潜坝结构控制，不造成阻隔效应	已落实，安庆保护区内优化锁坝结构，降低锁坝高程
7	长江南京以下12.5 m深水航道二期工程	镇江长江豚类自然保护区	降低或取消和畅洲前部的切滩，进一步减少左汊的施工工程内容	已落实，减少和畅洲前部切滩面积，减少左汊工程内容
8	长江下游马当南水道航道整治工程	八里江长江江豚保护区、安庆市长江江豚保护区	①八里江长江江豚保护区、整治范围位于八里江长江江豚保护区核心区下游，最近距离约24 km；②安庆市长江江豚保护区、整治工点位于江西省九江市境内，距离安徽省安庆市江豚保护区宿松县新坝至杨林闸10 km江段的核心区边沿外2 km	已落实，加强宣传教育、优化施工组织、管理，避免豚类活动或洄游高峰期作业
9	长江下游安庆河段航道整治二期工程	安庆市江豚自然保护区	整治点位于缓冲区，保护区临时调整，安庆水道工程在第一个枯水期年完成，贵池水道工程在第二个枯水期完成，同时抛石、沉排安排在10—12月作业，较大程度地减少施工对江豚和中华鲟的影响	已落实，优化施工工艺，控制施工作业，缩短作业时间
10	长江下游黑沙洲水道航道整治二期工程	安徽省长江胭脂鱼自然保护区（县级）	整治点位于实验区，优化施工方案，加强施工期环境监控和管理	已落实
11	长江下游马当河东北水道航道整治工程	安庆市长江江豚自然保护区	整治点位于缓冲区，保护区临时调整，工程方案优化调整，四洲圩窜沟两条护滩（底）带工程纵轴线抛石棱体厚度由1.5 m调整为0.8 m，即与护滩带两侧抛石厚度齐平	已落实，控制运输路线，优化作业时间

  "十二五"时期所有建设项目按照规划环评、项目环评及审查意见的要求，充分考虑生态敏感区的限制因素，在项目环评阶段优化工程方案、减少保护区内工程量，严格限定水下施工时间、采取生态友好的工艺及工程技术。

  筑坝的坝体形式有锁坝、丁坝、顺坝、鱼骨坝等。锁坝主要是对狭窄不具备通航能力的河道进行封堵，将水流集中到可以利用的较宽航道，非主流支汊会减少鱼类繁衍栖息空间，设计中应尽量避免这种方式；丁坝主要起改变主流线、保护滩岸的作用，在有四大家鱼产卵场河段，采用多道低矮潜丁坝替代高丁坝，维护漂浮性产卵区水文情势，坝体接岸段可恢复水生植被。

3.3.3.2　减缓措施

合理调整施工进度：缩短沉排、抛石等涉水施工的时间，减少工程施工对保护区水生生物繁殖，尤其对珍稀特有保护生物繁殖活动的影响，降低工程施工对珍稀特有保护生物繁殖群体的伤害概率。

优化工程方案及施工工艺，减轻施工噪声影响。合理安排水下施工及陆域施工作业时间。在禁渔期和鱼类产卵繁殖期严禁安排水下施工作业。

陆上设置临时施工场所按照相关条例要求，在自然保护区内，不得建设污染环境、破坏资源或者景观的生产设施，临时施工营地、临时码头不得设置在保护区核心区和缓冲区的范围内，且离保护区要有一定的距离。

加强工程施工行为的监控和管理，建立高效有力的监管体系，工程的建设和营运期，设立由工程技术、环保和安全等方面人员组成的环保工作部门，加强对珍稀水生生物的保护。一旦发生直接伤害珍稀水生动物事件，及时向保护区管理机构报告，采取有效措施，及时进行救治。保护区有关管理部门对工程施工行为进行监督和管理。

设置专人巡视实施必要的驱赶作业，加强工程河段水生生物及生态环境监测。

3.3.3.3　修复措施

鱼类水生生态修复措施主要包括采取生态护岸、生态护滩、人工鱼巢等方式修复受损的鱼类栖息地。2008—2011 年，长江中游河段航道整治采用土工格栅卵石垫等护岸措施恢复鱼类产卵栖息地。生态护岸在水流湍急河段还存在局限性，洪水线以下基质土、植草容易被洪水冲走。荆江航道整治张家榨高滩守护工程，采用营养袋装填土放至钢丝网格的内部面层，防止土壤流失，并挑选合适草籽，使其扎根于营养袋中，取得较好效果。在黑沙洲水道航道整治二期工程中使用了具有独特空心结构的人工生态鱼巢砖对工程河段进行生态修复。南京以下 12.5 m 深水航道工程设计了半圆形构件堤和开孔梯形构件堤两种坝体结构，这两种坝体结构具有较高的开孔率，能改变局部水流条件来改善水生生物的生存与繁殖场所，同时还研发应用了一种生态空间排体护底结构，通过优化压寨块的布置形式，不但实现护底功能，还能为底栖和附着生物营造合适的生存空间。

3.3.3.4 补偿措施

水运建设项目普遍采用增殖放流措施。水生生物增殖放流是我国水运建设项目最主要的生态恢复措施，可减缓珍稀濒危物种资源的衰退速度，有利于水生生态系统的恢复。2005 年至今，环境影响评价对于水运建设项目普遍提出了开展增殖放流工作的要求。对于水运建设项目的增殖放流措施，环境影响评价文件中的增殖放流方案多已明确增殖放流品种、数量、规格、时间、地点、次数等，并提出了对放流效果进行跟踪监测的要求。目前，水运建设项目的增殖放流工作存在两种方式：一是建设单位自行开展增殖放流工作；二是委托相关单位实施增殖放流工作。港口建设项目增殖放流工作多采取委托相关单位［一般为当地海洋与渔业局和（或）水产研究所］实施的方式。以上海长江口为例，2004 年至今，上海持续开展长江口珍稀水生生物增殖放流 20 次，累计放流各种规格中华鲟、胭脂鱼、松江鲈等珍稀水生生物数十万尾，对长江口的生态修复起到了积极作用。

开展增殖放流工作，必须遵循《中华人民共和国渔业法》、《中华人民共和国野生动物保护法》、《中国水生生物资源养护行动纲要》和《水生生物增殖放流管理规定》等法律法规，同时还要遵循各省级地方人民政府的水生生物增殖放流管理规定及工作规范等。增殖放流物种应遵循"哪里来哪里放"的原则，即放流物种的亲本应来源于放流水域原产地天然水域、水产种质资源保护区或省级以上原种场保育的原种。放流的物种应适应当地天然水域水生生物资源状况和生态环境特点，根据不同物种、规格和运输时间等按照相应的技术标准（规范），采取科学暂养、包装、运输方式，保障放流苗种的成活率。放流时间选择放流温度适宜、育苗、供苗成本较低的时间段，优先选择禁渔期内。

涉自然保护区典型航道建设项目补偿措施见表 3-12。

表 3-12 涉自然保护区典型航道建设项目补偿措施及科研

序号	航道名称	涉及的自然保护区	补偿措施	环保投资
1	长江中游宜昌至昌门溪河段航道整治一期工程	长江宜昌中华鲟自然保护区	增殖放流，放流对象中华鲟、达氏鲟和胭脂鱼，在工程建设期及工程运行期前 3 年共放流 5 次；生态补偿科学研究	增殖放流投资 170 万元，生态补偿科学研究费用 280 万元
2	长江中游荆江河段航道整治工程（3.5 m）	长江天鹅洲白鱀豚自然保护区	增殖放流，主要放流对象为四大家鱼、长春鳊、团头鲂、鳜、黄颡鱼、胭脂鱼、中华鲟等，放流周期 20 年；宣传、保护、救助等保护补偿措施	增殖放流投资 1 030 万元，保护区补偿投资 825 万元
3	长江中游界牌河段航道整治二期工程	长江新螺段白鱀豚国家级自然保护区	增殖放流，放流对象为四大家鱼、胭脂鱼、鳊、南方鲇、黄颡鱼、中华鲟等鱼类；宣传、保护、救助等保护补偿和科学研究	增殖放流投资 50 万元，保护区补偿投资 140 万元
4	长江中游赤壁至潘家湾河段航道整治工程	长江新螺段白鱀豚国家级自然保护区	增殖放流，主要放流对象为四大家鱼、胭脂鱼、鳊、南方鲇、黄颡鱼、中华鲟等；宣传教育、保护、救助等保护补偿和科学研究	增殖放流投资 180 万元，保护区补偿投资 720 万元
5	长江下游东流水道航道整治二期工程	安庆市江豚自然保护区	增殖放流，放流对象为青鱼、草鱼、鲢、鳙、胭脂鱼、瓦氏黄颡鱼、鳜、长吻鲹等；宣传教育、保护、救助等保护补偿和科学研究	增殖放流投资 45 万元，保护区补偿投资 20 万元
6	长江南京以下 12.5 m 深水航道二期工程	镇江长江豚类自然保护区	增殖放流，江豚救护基地建设、豚类保护区能力建设、江豚保护专项基金等	增殖放流 600 万元，保护区补偿总投资 12 800 万元
7	长江下游马当南水道航道整治工程	八里江长江江豚保护区、安庆市长江江豚保护区	增殖放流、江豚救护等	增殖放流 34.5 万元，保护区补偿投资 40 万元
8	长江下游安庆河段航道整治二期工程	安庆市江豚自然保护区	增殖放流、江豚救护中心改建、江豚易地保护等	增殖放流 193 万元，保护区环保措施投资 1 910.1 万元
9	长江下游黑沙洲水道航道整治二期工程	安徽省长江胭脂鱼自然保护区（县级）	增殖放流、人工鱼巢、科学研究等	增殖放流 50 万元，人工鱼巢等 50 万元
10	长江下游马当河东北水道航道整治工程	安庆市长江江豚自然保护区	增殖放流，放流对象为南方鲇、翘嘴鲌、黄颡鱼、鳜及四大家鱼等。鱼类放流任务应在 2～3 年内完成	增殖放流经费 51 万元，科学研究经费 20 万元

3.3.3.5 科学研究

白鱀豚、江豚监测。加强对保护区内现存白鱀豚、江豚的监测，对其数量、分布和行为规律等进行相关研究，了解其资源量和活动规律，分析其资源量动态变化原因，对河道整治后影响进行评价，促进保护工作。

中华鲟行为特点研究。研究中华鲟在工程修建过程中对噪声的反应，运行后船舶噪声和螺旋桨对中华鲟的影响，探索河道整治建设前后中华鲟在本江段的空间分布和活动规律。从而了解中华鲟在溯河洄游过程中的迁移方式，保护中华鲟的种群资源量。

四大家鱼产卵场监测。每年在河道整治河段进行一次早期资源调查，研究四大家鱼产卵场分布变化、产卵规模、成色等参数，结合水文数据，分析其变化原因，对河道整治后潜在的影响进行评价。

鱼类和水生生物监测。建设期和运行期在河道整治河段范围内对浮游生物、底栖动物、固着类生物、周丛生物、水生维管束植物、鱼类种群动态、鱼类产卵场等进行持续监测，统计分析该江段水生生物和鱼类种类组成、资源量变化趋势，分析其变化原因，对河道整治后潜在的影响进行评价。

3.3.4 生态型水工构筑物

航道整治工程常用的筑坝、护岸结构型式主要有干砌块石、浆砌块石、预制混凝土块、模袋混凝土等，近年来随着生态航道建设的需求，越来越多的生态型新结构应用于航道整治工程中，用生态环保的理念指导航道整治工程的实施与建设，将鱼类等水生生物的生态需求涵盖到航道整治工程的设计和建设中，是现阶段和未来航道整治工程的发展方向。

航道整治工程尽可能维持河道的蜿蜒性，避免截弯取直，维护自然边坡，避免岸坡硬结，进而维持鱼类等水生生物需要生境的多样性。目前在航道整治工程中应用的生态水工建筑物，有透水框架、鱼巢砖、钢丝网格、生态护坡砖等，用于生态固滩和生态护坡等生态型整治构筑物。透水框架是一种新型的防冲促淤结构，以无砂混凝土为原料具有多孔透水性的岸坡防护块体结构，透水框架投入水体，将引起河床底质、水流流场、水文因子等方面的改变，从而直接或间接对鱼类活动产生影响，在生态保护方面具有人工鱼礁的效果。鱼巢砖是一种用混凝土制成的有利于鱼类栖息和产卵的结构，既能满足鱼类生态需求，也能起到河岸坡脚守护的目的。钢丝网格为规则的矩形钢丝笼单元体，单元体由底板、隔板、侧板和盖板组成，由双绞合六边钢丝网格构成，具有较好的固土、渗透、生态种植性能好等特点。生态护坡砖是一种具有多孔透水性的岸坡防护块体结构，其原料是无砂混凝土，此结构不影响水生植物的生长。

3.3.4.1　透水框架

透水框架多用于护滩、护坡护岸、筑坝工程等。20 世纪 90 年代初，水利部西北水利科学研究所的韩瀛观首次使用四面六边透水框架整治游荡型河道。后经水利部西北水利科学研究所、江西省水利科学研究所、河海大学工程水力学及泥沙研究所等多家单位通过对透水框架的机理研究、模型试验研究、工程实验研究论证，表明透水框架减速促淤效果比较理想，减速率可达 40%～70%，同时具有重心低、不易翻滚的结构优势。1996 年，四面六边透水框架开始被应用到稳固长江干堤中，在 1998 年长江特大洪水中护岸效果明显，被证实是一种有效的护岸设施（见图 3-42，彩色插页）。

（1）结构及性能。

透水框架的单体构型很多，长江航道治理中主要有两种构型，分别是四面六边透水框架和扭双工字型透水框架。四面六边透水框架由 6 根框杆组成，框杆通过内含的钢筋焊接组合起来，常规断面尺寸 10 mm×10 mm，长度有 0.6 m、0.8 m和 1 m 3 种类型。改进后的整体预制模具可以批量生产出钢筋不外露、整体性好、不易松散的透水框架。扭双工字型透水框架由 2 个工字型构件垂直交叉组成，杆件原型尺寸为 10 cm×10 cm×80 cm，材料为钢筋混凝土，密度为 2.4 g/cm。

（2）施工布置。

四面六边透水框架的防护效果与其布设形式有关，当透水框架摆放得越均匀、越紧密时其抗冲能力越强，但是容易在大流速时发生顺水位移的现象，因此在流速较大的位置，需要将透水框架体连接在一起，以增加透水框架的稳定性。

四面六边透水框架的施工方式有两种，分别是水上抛投和岸滩摆放。水上抛投的施工流程是定位船先准确定位到欲抛投地点，透水框架运输船停靠到定位船，然后用机械或者人工实施抛投。一般将四面六边透水框架3～4架一组进行抛投，层数不少于 2 层，应避免采用单个抛投的方式，组合抛投既节约透水框架的用量，又有较好的减速效果，是一种优化的组合抛投方式。岸滩摆放的施工流程是在退水期通过运输船将透水框架搬运到施工区再进行人工摆放。研究表明梳式布置的减速效果优于平顺式布置，减速效果与梳式布置中的齿距关系明显，与齿长关系不明显。间隔布设即节约框架的使用量，也具有良好的守护效果，不仅工程覆盖区域水流减慢，而且两工程之间的水流流速也明显减慢，从而对间隔内的堤岸也起到保护作用，根据已有报道可知，工程间隔太小，透水框架使用量增多，工程间隔太大，堤岸防护效果较差，需要根据水文情势，采用合理的间隔距离。

（3）生态效应。

四面六边透水框架同时具有阻水和透水两种特性，当透水框架布置较密集，其架空率较小，透水框架显示出实体抗冲护岸特性，即水流碰到透水框架，水流受阻后流态改变成螺旋流、回流等，减少水流对堤岸的冲刷；当透水框架的架空率较大时，透水框架显示出透水消能的特性，即水流穿过透水框架后流速逐渐被削减、降低，流速减小到不冲甚至落淤的程度。透水框架透水消能的护岸机理是，当水流流过四面六边透水框架，透水框架的框杆将水流分散，并发生旋涡分离现象，同时水流围绕框杆形成绕流，绕流阻力会影响水流运动，改变局部的水流流态，从而使河道断面水流形态分布发生变化，改变河道的局部阻力。

透水框架工程是有利于底栖动物的恢复和生存，基于生态环保理念设计出来的水工建筑物以及航道整治新技术，具有较好的生态功能。框架自身有较大的空隙，抛投施工后，每架之间相互架空，具有较大的孔隙率，因而具备鱼类和微生物生存的空间，可作为鱼类产卵和微生物生存的场所。

3.3.4.2 鱼巢砖

鱼巢砖主要应用于护岸工程等，作为一种新型的硬质护岸材料，与传统的硬质护岸材料不同，由于其具有空腔结构，可形成水流的紊动，在水中形成不同的流速带，能增加水中的溶解氧，有利于鱼类和其他好氧生物的生存，增加河流生态系统的多样性，同时与传统硬质护岸一样可保证护岸结构的稳定，并比大部分柔型护岸抗水流冲刷效果更好。

（1）结构及性能。

为了保证鱼巢砖在水流中不被冲走并满足其自身强度和耐久性要求，鱼巢砖壁厚不宜太小，鱼巢砖外形如一个正方体，内部有正方体空腔，分层布置于河道护岸之中与河道相通（见图 3-43，彩色插页）。鱼巢砖内空腔尺寸需满足鱼类基本活动要求。通过对内河及湖泊中主要鱼类体长数据进行统计分析，若体长为 25 cm 的鱼类为主要保护对象，空腔不宜小于 50 cm，同时为了保证鱼巢砖在水流中不被冲走并满足其自身强度和耐久性要求，鱼巢砖壁厚不宜太小，选定上下左右壁厚为 25 cm，后壁厚度为 40 cm。鱼巢砖尺寸：长×宽×高为 100 cm× 100 cm×100 cm；空腔尺寸：长×宽×高为 60 cm×50 cm×50 cm。

（2）施工布置。

鱼巢砖结构采用现场或预制厂预制后运至现场进行安装。鱼巢砖的铺设采用人力配合机械吊装的方式进行安装，主要施工内容包括基床平整、铺设找平层、安放鱼巢砖等。

鱼巢砖的预制：鱼巢砖为预制构件，混凝土强度等级为 C30。预制模板采用定型模板，钢筋现场绑扎，混凝土后方集中拌和，每块鱼巢砖上预埋施工时使用的吊钩环。预制场要保证一定面积的鱼巢砖预制成品的堆放场所，按照施工要求合理放置制成的鱼巢砖预制块，鱼巢砖出运时混凝土强度应达到 100%。

基床平整：按照设计断面要求，对安放鱼巢砖的水下抛石按照设计高程进行夯实、平整处理，使基床表面平整、密实。

铺设找平层：在安放鱼巢砖平台的块石砌筑完成后，在基床表面铺设 10 cm 厚的碎石垫层，并进行平整，以利于鱼巢砖的找平。

安放鱼巢砖：铺设找平层后，即可进行鱼巢砖的安放。在整平好的平台上用吊机吊起鱼巢砖，根据高程定位，按照一块连续布置的方式安放，鱼巢砖相邻面之间采用砂浆勾缝，使鱼巢砖成为一个整体。

鱼巢砖布置形式：鱼巢砖既可以单块间断布置，也可以单块连续布置。为了满足不同鱼类体长及生活习性的需求，扩大空腔的长度，还可以将多块砖连接起来，打通左右壁形成多块贯通布置。以上 3 种布置形式空腔尺寸、流场分布、流速分布存在差异，适合不同种类不同习性的鱼类繁殖和避难。

（3）生态效应。

鱼巢砖体的空腔即在河道中构筑起鱼槽，为鱼类及水生生物栖息、繁殖提供生存空间。同时，由于水流带起的泥沙等遇到墙体减速后，在重力的作用下会沉积在鱼巢砖的空腔内部，这些沉积下的冲积物能够给一些水生植物的生长提供营养来源，形成一个水生植物、水生动物等各种水生生物共存的空间。在河流行洪季节，生态型鱼巢砖能有效地抵御外界流速的变化对鱼类等水生生物造成的危害，为它们提供一个安全的避难场所。生态型鱼巢砖的应用，既解决了河道岸坡的安全性、耐久性和美观性，也能保持岸坡土体良好的排水性，有利于水生动物生息，完成了自然河滩的保护与修复，水生动植物生存环境的保护与修复的工程任务。

3.3.4.3　钢丝网格

钢丝网格为规则的矩形钢丝笼单元体，单元体由底板、隔板、侧板和盖板组成，由双绞合六边钢丝网格构成。在钢丝笼中装填块石后，封闭盖板，就形成一个大型的、具备一定柔韧性和整体性的工程模块，具有极强的抗冲性，航道整治工程中钢丝网格主要用于护坡，用以取代常用的块石抛投，更利于自身的稳定，具有较好的固土、渗透、生态种植性能等特点。

（1）结构及性能。

①钢丝网格网孔尺寸及网丝直径。

钢丝网格为一种较为成熟的结构型式，由双绞合钢丝网编织而成，由于其体积和重量较大，为保证钢丝网格结构在装填、施工等过程中不被破坏，一般选择网孔尺寸为 6 cm×8 cm 和 8 cm×10 cm，对应的钢丝直径分别为 2.2 mm、2.7 mm。

②钢丝网格厚度。

对于钢丝网格厚度选择问题，一般要考虑两个因素：一是水流流速，二是波浪高度及坡的倾角。对于水流流速，马克菲尔公司早在 20 世纪 80 年代就在美国的科罗拉多大学进行了大量的模型试验和对已建工程的分析，最后得出各种厚度钢丝网格的抗冲流速（见表 3-13）。

表 3-13　钢丝网格厚度与流速参照

类型	厚度/m	填充石料		临界流速/（m/s）	极限流速/（m/s）
		石料规格/mm	d_{50}/m		
钢丝网格	0.15～0.17	70～100	0.085	3.2	4.2
		70～150	0.110	4.2	4.5
	0.23～0.25	70～100	0.085	3.6	4.5
		70～150	0.120	4.5	5.1
	0.30	70～120	0.125	4.2	4.5
		100～150	0.150	4.0	5.4

对于内河航道，由于船行波较小，因此，钢丝网格厚度不考虑船行波的影响。在不考虑船行波的影响下，钢丝网格厚度一般采用 17 cm、23 cm、25 cm 和 30 cm 4 种，工程应用可根据实际情况选用。长江中下游航道整治工程的设计流速一般为 3 m/s，钢丝网格的有效厚度取 17 cm。

③钢丝镀层。

由于钢丝网格主要由钢丝材料编织而成，而钢丝在水中容易发生锈蚀，从而导致结构功能的散失，使得工程无法满足设计年限要求。所以，有必要采取措施保证钢丝的耐久性。

④钢丝网格结构设计。

钢丝网格是由经过防锈蚀处理的钢丝编制而成的单元体。单元体常规的平面尺寸为 6 m×2 m，厚度可根据需要选择，一般采用 17 cm、23 cm、25 cm 和 30 cm。单元体由底板、隔板、侧板和盖板组成。各面板均用双绞合六边钢丝网构成，边端用比网格钢丝直径更粗的钢丝绞边，以起到加强结构的作用。

钢丝网格内用块石或者卵石作为填充料，填充料尺寸以大于网孔尺寸、小于钢丝网格厚度为原则，最后将护垫盖板绞接在各侧板上即完成。

（2）施工布置。

在护岸工程中，钢丝网格实施后，在坡面上自重力的作用下容易产生滑动。通常钢丝网格的抗滑稳定与岸坡的坡度有关，岸坡越陡，钢丝网格的抗滑稳定性越差。

在航道整治护岸工程中采用钢丝网格护面时，岸坡坡度应缓于 1：1.5，并且坡脚要设置枯水平台作为挡墙，有利于钢丝网格的稳定。在实际的航道整治工程中，往往考虑水流、地质组成、人为活动等方面的影响，护岸工程的坡比一般取 1：3，最陡取 1：2.5，是能够满足采用钢丝网格的岸坡稳定性要求的。钢丝网格现场布置见图 3-44（彩色插页）。

（3）生态效应。

通过工程实例以及对钢丝网格结构性能的分析和研究，钢丝网格护坡能实现生态效应主要基于以下几个方面：

①促进沙土沉淀。

钢丝网格内部装填卵石（块石）后成为可透水结构，加上填充物后，局部凸凹不平，与传统的六方混凝土块和干砌块石结构相比，更利于沙土的沉淀，为植被的生长奠定了基础。

②强化水体和养分交换。

由于钢丝网格为透水结构，在中洪水期，江水通过空隙补充地下水，水位退落过程中，地下水补充江水，在水体交换过程中，提供了植被生长所需的养分，增强了水体与植被、与土壤交换自净能力，能实现水环境的交换，利于植被的生长和生态环境的恢复。

③促进植被根系生长。

由于钢丝网填充材料为卵石或块石，透水性好，且泥土易沉积在缝隙中，植被附着在钢丝网格上后，根系很容易向下生长，当根系长到一定长度后就不易受到水流的淘刷而带走，能起到固定土壤和植被的作用，利于植被的繁殖、扩张和生长。

（4）存在的问题。

目前钢丝网格的标准厚度有 17 cm 和 23 cm 两种，无论采用 17 cm 厚还是 23 cm 厚的钢丝网格进行护坡，如果全部采用块石填充，结构上都是安全的，同时，钢丝网格内填卵石（块石）的透水结构为实现其生态功能创造了优良条件。为进一步实现其生态功能，目前一般在钢丝网格护坡实施完成后，在钢丝网格上方采用覆土、种草等方式进行绿化，但这种方式在流速较大的区域或水位上涨较快、植被还未完全生长出来时是很难达到效果的，保土性能较差，生态效果实现自然恢复需要较长的时间。因此，为了进一步改善钢丝网格的生态功能，其结构型式还有待进一步优化。

（5）工艺改进。

①植生型钢丝网格。

传统绿化工艺的缺陷主要是覆盖在钢丝网格上面的土、种子等没有得到保护，在水流的作用下容易流失。植生型钢丝网格具有保护土地表面免遭风雨的侵蚀、保持草籽均匀分布、吸收热能、促进种子发芽、缩短植物生长期、植被和网格复合保护等特点。植生型钢丝网格用于护坡，是由六边形双绞合金属网和盖板构成的金属网垫结构，填充石料和土用于防止边坡冲刷及坡体快速绿化。植生型钢丝网格的边板、端板、隔板及底板是由一张连续不裁断的六边形双绞合钢丝网组成，盖板为加筋三维网垫。

植生型钢丝网格生态护坡作用体现在以下几个方面：在草皮没有长成之前，可以保护土地表面免遭风雨的侵蚀；可以保持草籽均匀地分布在坡面的土层上，免受风吹雨冲而流失；黑色网垫能大量吸收热能，增加地湿、促进种子发芽，缩短植物生长期，加快植被的生长；植物生长起来后形成的复合保护层，可减弱大流速冲刷下对植被的影响。植生型钢丝网格现场布置见图 3-45（彩色插页）。

②生态袋钢丝网格。

目前，在公路建设中路基两边大量采用了生态袋作为边坡的防护并有利于后期生态的恢复。生态袋由植物种子、培养土和土工袋组成，随着袋内植物的生长，植物及其根系可以很好地穿透植生袋生长，根系在土壤中盘根错节产生强大的牵引力，从而达到生态绿化与固坡的目的。自 1997 年开始，在流域坡面治理、江河堤防、水库坝坡、灌渠边坡、铁路和公路边坡等防护和绿化等领域得到了广泛应用。

生态袋钢丝网格主要是用土工袋的方式将土和种子的混合物包裹起来，对于土工袋材料不要求有太高的强度和太密的孔径，主要作用是在植被生长初期保护土壤，并让植被能从土工袋中生长出来。生态袋钢丝网格由钢丝网格和生态袋组成。生态袋钢丝网格护坡结构型式与植生型钢丝网格护坡结构型式基本相同，不同之处在于：植生型钢丝网格填充石料后是直接进行土、种子和肥料的混合物的填充，而生态袋钢丝网格护坡结构是先用将土、种子和肥料的混合物填充到生态袋后，再将生态袋铺设在钢丝网格内。生态袋钢丝网格现场布置见图 3-46（彩色插页）。

3.3.4.4　生态护坡砖

（1）结构及性能。

护坡砖采用连锁式设计，每块砖与周围的 6 块砖产生较强的连锁作用，使得护坡结构在水流作用下具有良好的整体稳定性。可人工安装，适用于水流不大于 3 m/s 情况下的护坡结构。其主要优点：护坡块的护坡系统为柔性结构，遇到小规模变形（由沉陷、结冰、滑坡、膨胀土等引起的）时具有较好的适应性；抗冲刷能力强，高速水流以及其他恶劣环境下保持完整的面层，保护下面的土体不被侵蚀；空隙率高，透水性好，各独立块之间和单块内的空隙内可以长草，在美化环境的同时又可以形成自然坡面改善生态环境；护坡块本身强度、密实度高，具有很强的抗冲击能力。

（2）生态效应。

生态护坡砖一般采用开孔型护坡砖，高糙率开孔铺面有助于厌氧生物的附着和生存，起到净水清淤的作用，同时种植孔可种植植被，形成全绿化护坡，绿色护坡植物不仅能起到美化环境改善生态的作用，其根茎还能对坡面起到一定的加固和自然消化微生物的作用，边坡破坏的植物可使被破坏的生物链又逐渐拟合形成，从而逐渐恢复到原始自然环境，水位变动区的水生植物从水中吸收无机盐类营养物，可以增强水体自净能力，改善河道水质，生态护坡砖将水、河道、岸坡植被连成一体，在自然地形、地貌的基础上，建立起阳光、水、植物、微生物、土体、护岸之间的生态系统。生态护坡砖现场布置见图 3-47（彩色插页）。

3.3.5　生态型构筑物工程

3.3.5.1　生态护坡

生态护坡是综合工程力学、土壤学、生态学和植物学等学科的基本知识对斜坡或边坡进行支护，形成由植物或工程和植物组成的综合护坡系统的护坡技术。开挖边坡形成以后，通过种植植物，利用植物与岩、土体的相互作用（根系锚固作用）对边坡表层进行防护、加固，使之既能满足对边坡表层稳定的要求，又能恢复被破坏的自然生态环境的护坡方式，是一种有效的护坡、固坡手段。

我国在生态护坡技术方面的研究起步较晚，近几年在充分吸收国外河道整治和其他领域生态护坡研究成果的基础上，取得了长足的发展。上海市青浦区在章浜河整治中采取多种生态护岸形式并举的方法，取得了良好的社会效益和生态效益；广东省中山市岐江公园的栈桥式生态亲水湖岸，在实现了水位变化较大的情况下，仍然具有亲近人、生态和美的效果；下荆江观音洲实施了引进植物香根草、本地植物狗牙草和非植物措施生态混凝土护坡试验；鄢俊结合我国现阶段航道工程的植草护坡现状，讨论了各种植草护坡方式的特点和边坡种草的关键技术；季永兴等综合分析了城市原有河道护坡结构及对环境水利和生态水利的影响，并在吸取国内外有关城市河道整治和其他领域生态护坡经验的基础上，探讨了不同材料的生态型护坡结构新方法；在引滦入唐工程中，陈海波等提出网格反滤生物组合护坡技术；胡海泓等在广西漓江治理工程中，提出了石笼挡墙、网笼垫块护坡、复合植被护坡等生态型护坡技术。

综合生态护坡在我国的应用，护坡技术主要分为单纯利用植物护坡和植物工程措施复合护坡两种类型。随着科学技术的快速发展，许多新技术、新材料被应用于河道生态护坡中。长江中下游水文情势复杂，洪枯期水位变幅大，三峡工程蓄水以后又显著改变了来水来沙条件，复杂的水文情势导致长江这样的大江大河的生态工程建设不同于城市生态结构建设。目前长江中下游的生态护岸主要采用硬质结构与植被结合法和预制构件法两大类，工程建设单位可以根据不同河段的水流条件、水位变化情况、河岸冲刷情况、岸坡情况等采取相应的单一措施和结合措施进行生态护岸工程建设。生态护岸常用结构见表 3-14。

表 3-14 生态护岸常用结构

类别		结构	功能
硬质结构与植被结合	块石与植被结合	在传统抛石的基础上结合植被等生物工程措施的结构	施工简单,块石具有很高的水力糙率和适应性,可消减波浪侵蚀,保护河岸土体抵御冲刷破坏。木桩和植被的枝干可以防止块石滑动,增强护岸的整体稳定性。适用于河道中水流较为平缓的河段
	木桩与植被结合	利用木材、活树枝等活体材料重构河岸的重力式挡土结构型式	木桩与植被结合这种结构适合垂直墙,需要的空间较小,加固水上和水下均合适,为河岸生物提供天然的栖息地。但需花费大量的材料和人力,设计复杂
	钢丝网石笼	该结构由铁丝编织的石笼网及内部填充的块石做成,其厚度通常为20~40 cm	柔韧性较好,适应河床变形的能力较好;具有较好的透水性和耐冲刷性,底部铺设的反滤层也可防止土壤流失;块石间空隙能为岸坡生物提供一个优良的生态环境
预制构件	生态型混凝土预制件	通过相互咬合或用缆索连接等多种方式将预制的混凝构件块连接而形成的各类孔状结构	该结构强度高,施工速度快,具有较高孔隙率高和良好的透水性,能够为植物的生长发育提供环境,改善岸坡栖息地条件,增加审美效果,但该结构底面必须铺设反滤层和垫层。适用于河道窄且岸坡比陡的城市河道岸坡防护
	生态砖和鱼巢砖	生态砖是一种使用无砂混凝土制成的岸坡防护块体结构;鱼巢砖则是从鱼类产卵发育需求出发,应用混凝土、圆木等材料所制成的常用于河岸坡脚孔状结构	生态砖具有良好的透水性,适合植物的生长发育;生态砖和鱼巢砖具有类似的结构型式,常组合应用,适用于水位变幅较大、水流冲刷严重且对护岸结构的稳定性要求较高的河段的防护,两者搭配使用不仅有助于抵御河道岸坡侵蚀,而且还能够为鱼类提供产卵栖息地。生态砖和鱼巢砖底部需铺设反滤层,以防止土壤侵蚀

(1)周天河段张家榨护岸工程。

根据荆江河段不同的高程布置不同的耐淹能力植物品种,考虑植生型钢丝网格主要应用于枯水平台 4 m 以上,选择狗牙根、枸杞、疏花水柏枝、秋华柳 4 种植物品种。种植后,枸杞、疏花水柏枝、秋华柳新芽发育,全部成活,高度在 5~10 cm,长势良好,第一次退水期后,各类植物新芽发育,根深扎于土壤,并蔓生新株,长势良好,成活率达 90% 以上。一年后,各类植物基本成活,但部分区域受水流冲刷、放牧等影响,植被生长仍受到小幅影响。钢丝网石笼生态护坡技术较好地兼顾了工程的生态性,在固土抗冲的基础上,促进岸坡植被的有效恢复。

（2）安庆河段兴隆洲护坡工程。

安庆护岸工程主要考虑对兴隆洲洲头 1 695 m 的守护区采取生态护坡的形式，生态护坡采用雷诺护坡。项目在实施生态护坡时，其植物选型除考虑植被的生态效应、景观效果、耐淹抗旱等性能，还重点考虑所选植物对鱼类的适应性，建议在生态护岸的中高滩区补充栽植芦苇、荻草、野菱和芡实等野生水生湿生植物等，同时在钢丝网格中渗透芦苇根系及砂石比例中增加黏性土壤，使其成为产黏性卵的鱼类的产卵基质，总面积约 91 亩。

3.3.5.2　生态固滩

生态固滩是指恢复后的自然河滩或具有自然河滩"可渗透性"的人工护滩，在确保滩体结构稳定性、安全性和具有一定的抗洪强度前提下，兼顾护滩工程的生态效应，充分保证滩地与河流水体之间的水分交换和调节功能，增加河流自净能力。生态固滩的目的是对滩面实施工程措施后，保留原有植物根系的再生能力，与工程措施共同起到滩面防护的功能。

生态固滩有仿生水草垫及植入性固滩结构两种。仿生水草垫结构由加筋三维网垫、水草带和 D 型压载混凝土块 3 部分组成。植入性固滩结构采用浆砌块石形成围墙，并充填土方，通过播撒植物种子的形式进行绿化。

水草垫具有减速促淤的作用，有助于河漫滩以及滩面植被的进一步发育，稳固亲水植物定植，对其生态系统正向演替有积极作用；避免底质、滩地的硬化，减少对自然生境的破坏；局部形成产黏草性鱼卵鱼类繁殖、产卵的适宜生境，增加渔业资源和物种丰富度。

周成成等结合新洲—九江河段航道整治二期工程，提出一种兼顾疏浚弃土利用与洲滩守护的生态航道建设技术，利用疏浚弃土适当抬高洲滩滩面，并引入本土耐淹亲水植被，采用可降解、无污染的天然材料进行辅助固土防冲，确保先锋植被能够稳定发育至足够丰度，进而实现滩体稳定；李明等针对江体心滩守护中的生态保护需求，通过对植被不同生长阶段对水力条件的需求及适应能力的研究，提出了一套具有极大推广和应用价值的植入型生态固滩技术。在确保滩体稳定性和安全性前提下，兼顾工程的生态效应，在长江中游倒口窑心滩守护工程中做了技术示范。

（1）荆江河段倒口窑心滩守护工程。

荆江河段航道整治工程试验的生态护滩结构设置在倒口窑心滩梳齿形护滩带圆弧处理 D 区、E 区。项目根据前期实验结果选择了狗牙根、芦苇、三叶草 3 种本地土著物种作为适生植被物种用于倒口窑心滩的植被恢复。工程于 2014 年 7 月开工，至 2015 年 4 月生态护滩结构及主体工程基本实施完成。

2015 年全年植被生长情况显示，春季植被盖度达 90%以上，单位面积上的植物生物量达 15.7 g/m², 夏季植被盖度达 80%以上，单位面积上的植物生物量达 40.3 g/m² 以上，秋季植被盖度达 92%以上，单位面积植物生物量达 46.7 g/m²。项目实施 1 年内基本实现了守护范围内植被完全覆盖，较设计方案提前 2 年。同时，由于植被盖度的增加以及单位面积上的植被生物量和生物多样性增加，植被对土壤的改良作用可改变项目区的土壤质量，更好地促进植被的生长。荆江河段整治生态固滩工程效果见图 3-48（彩色插页）。

（2）长江中游新洲至九江河段鳊鱼滩生态固滩。

长江中游新洲至九江河段航道整治二期工程中鳊鱼滩左支汊作为该江段需要严格保护的生态空间，明确了将其建设为物种栖息地的保护要求，整治工程采用筑低坝等低强度的航道治理方法，包括采用生态护坡、鱼巢砖、四面体透水框架等生态友好型结构，充分利用疏浚泥沙在原鳊鱼滩滩头梳齿坝左侧进行生态固滩，水草植被等可为鱼类提供产卵栖息生境。

鳊鱼滩生态固滩工程是生态固滩施工工艺首次在长江航道整治工程中应用取得实效。鳊鱼滩生态固滩工程位于鳊鱼滩洲头护岸前部区域，建设面积约 8.4 万 m²，采用砂枕堤心+铺石护面构筑围堰，利用新洲浅区基建性疏浚和维护性疏浚弃土回填并覆盖种植土，采用撒种、扦插方式引入牛鞭草、莎草、芦苇、狗牙根等植物作为先锋植被，在鳊鱼滩营造了多样的生态湿地。同时，工程实施过程中还加大了鱼类保护和生态工艺应用，先后在九江水道左岸蔡家渡护岸工程下部抛筑了空心正方体混凝土鱼巢砖构件，组织增殖放流黄颡鱼、鳊、鲇、青、草、鲢、鳙鱼苗种共 21 万余尾，河蚬 2 t；在新洲水道右缘护岸、九江水道左岸蔡家渡护岸工程中，采用钢丝网笼+石料填充护坡的基础上，对施工水位 4 m 以上部位全部覆盖种植土，播种耐淹性较强的狗牙根草进行植被覆盖。鳊鱼滩生态固滩工程效果见图 3-49（彩色插页）。

通过生态调查，新洲左支汉和鳊鱼滩左支汉的生境条件和生物量均高于工程区，洲（滩）头满足江豚活动场所条件，支汉内水草及边滩植被丰盛，是良好的鱼类栖息和索饵场所。将疏浚产生的泥沙吹填至鳊鱼滩滩头梳齿坝左侧内进行生态固滩，枯水期可部分出露，生态固滩扩大了鳊鱼滩浅滩面积，形成的水草条件进一步创造水生生物栖息环境。

3.3.6 问题分析与对策建议

3.3.6.1 问题分析

（1）现有水生生态保护技术总体上还比较薄弱。

一是部分措施尚需要加强技术积累和工程实践，如水生生境修复尤其是产卵场修复技术尚未成熟，实际应用案例较少；江豚迁地保护和中华鲟保育工作也处于起步阶段；生态护坡要求特别是河水冲刷强度高、水势多变的河段的生态护坡技术研究仍存在较大的局限性；环境友好和仿生的工程材料和工程结构还不能完全满足生态环境保护的需求。二是水生生态保护措施的整体实施效果有待进一步论证，航道建设项目普遍采取了增殖放流、人工鱼礁、生态补偿、生态护坡、生态护滩等生态保护措施，但目前缺乏科学系统的对其生态恢复效果开展相关科研工作，仅获取个别项目的环保验收监测数据并不能真正评估其生态效果，还需要对工程实施后的底栖生物、鱼类资源、珍稀水生保护动物的影响和恢复情况开展深入的跟踪评价。

（2）长江水生生态保护力度还不够。

从建设规划来看，长江航道水深将进一步提高以大幅提升航运能力，航道开发规划主要满足长江黄金水道发展需求，但对长江维持生态服务功能的承载能力考虑不足。在长江航运功能与生态保护功能存在冲突时，规划牺牲了部分生态保护功能，如规划的部分航道整治项目位于生态敏感区或重要生物栖息生境，规划层面的生态保护理念有待提高。从航道整治项目来看，虽然部分位于生态红线范围内的工程予以取消，但仍有部分工程位于珍稀水生保护生物出现频率高的水域，工程设计避让的考虑不足。

长江航道建设对流域性的整体保护考虑不够。目前航道整治项目采取的水生态保护措施主要是针对单个项目实施，主要以局部减缓生态影响为重点，其生态保护措施实施规模、效果总体有限，而未能从维护长江流域生态安全的角度，从航道建设规划层面制订长江整体性的生态保护方案，系统考虑长江航运造成的生态影响，提出流域层面的、全方位、多层次生态保护和恢复工程及保障措施。

长江水生态保护措施的实施效果论证不足。航道项目普遍采取了施工期生态保护、增殖放流、人工鱼礁、生态护坡（护滩）等保护措施，但目前仅通过航道项目短期内的环保验收数据，并不能真实反映大规模航道建设对珍稀水生保护生物的影响及措施的有效性。

长江水生态保护技术有待进一步加强。长江水生生境修复尤其是产卵场的修复技术尚未成熟，实际应用案例较少；生态护坡（护滩）技术尚存在一定的局限性，不同区域和水流条件恢复效果差别较大，对于在河水冲刷强度高、水势多变的河段实施尚存难度；江豚迁地保护和中华鲟保育工作也处于起步阶段，保护技术和管理水平有待加强。

3.3.6.2 对策建议

（1）提高水生生态保护理念。

改变目前以项目为依托的点状或局部的生态保护方式，在航道建设规划层面制订生态保护总体方案，统筹规划重大生态保护项目和修复试点工程。涉及水域自然保护区等重要生态敏感区时，应加强水运项目源头避让保护，在设计阶段开展"零工程"或替代工程方案的比选论证。

（2）强化长江水生生态保护技术。

加强科研投入和关键保护技术研发，重点解决当前水生生态保护中的技术难点，如开展四大家鱼、中华鲟产卵场、江豚重要栖息地等生境的修复工程试点和推广；研究江豚迁地保护技术、珍稀特有鱼类的人工繁殖技术。继续开展长江上下游不同江段的生态示范工程，研究复杂水文条件下的生态护坡技术，并总结示范工程经验。

（3）尽快开展航道项目实施前后的长期水生生态跟踪调查。

重点调查水生生境、鱼类资源、珍稀水生保护生物的影响情况；通过积累多年生态数据，适时开展长江重要江段的回顾性评价，深入评估长江航运开发对水生生态的影响程度，评估已采取的各类生态保护措施效果，并提出措施优化建议，提高措施实施的有效性。

3.4　外来生物入侵防控

3.4.1　压载水带来的外来生物入侵概况

压载水是指为控制船舶纵倾、横倾、吃水、稳性或应力而在船上加装的水及其悬浮物，以保证船舶在空载、部分空载或恶劣海况条件下航行安全。

压载水一般来自船舶的始发港或途经的沿岸水域，通常装载在船舶的压载舱中，压载舱位于船体的首尾、两边和底部。在压载水泵的帮助或在重力作用下，压载水通过通海吸水箱进入压载舱，通海吸水箱入口覆盖着格栅或滤网板以防止大型的外来物体进入。

3.4.1.1　压载水带来的外来生物入侵现状

船舶在载入压载水时，特别在港口水域取水压载时，海水中的细菌、病毒、真菌等微生物、小型无脊椎动物和其他物种的卵及幼虫，甚至一些鱼类也随之被载入船舶压载舱内。压载水中的生物碎片、颗粒状有机物、生物孢囊、不溶性硅酸盐（如黏土）等悬浮物，随船运移过程中会逐渐沉降到压载舱底，形成沉积物。

全球每天通过压载水转移的海洋微生物、植物和动物至少有 7 000 种，甚至达到 10 000 种。压载舱中，平均每立方米压载水有浮游动植物 1.1 亿个、细菌 10^3 亿个、病毒 10^4 亿个。目前，已被确认通过船舶压载水传播的外来海洋入侵种有 500 多种。在全球压载水管理项目（IMO Globallast）中，列举了 10 种典型的入侵海洋生物，见表 3-15。

表 3-15　经由船舶运输传播的 10 种入侵海洋生物

入侵生物	原产地	入侵地区	主要影响
霍乱（霍乱弧菌） Cholera *Vibrio cholera* （various strains）	不同菌株， 分布广泛	南美、墨西哥湾 和其他地区	引发霍乱病。1991—1992 年，美 国研究人员在停靠于墨西哥湾 港口的货船压载水中发现了霍 乱弧菌
水蚤 Cladoceran Water Flea *Cercopagis pengoi*	黑海和里海	波罗的海	因大量繁殖而成为当地浮游动物 的主要物种，密度之高足以堵塞渔 网和拖网，造成渔业经济损失
中华绒螯蟹 Chinese mitten crab *Eiocheir sinensis*	亚洲北部	西欧、波罗的海 和北美西海岸	在繁殖期会进行大规模的迁移，除 了和当地物种竞争及减少渔获外， 它们的穴居性导致堤岸的损坏和 排水系统的阻塞
有毒藻类（赤/棕/绿潮） Toxic algae （red/brown/green tides） various species	不同种， 广泛分布	通过压载水进 入新的地区	可能引发赤潮，通过耗竭氧气和释 放毒素或黏液造成大量海洋生物 的死亡。影响观光旅游及浅海养殖 业，甚至人们因误食而中毒死亡
虾虎鱼 Round goby *Neogobius melanostomus*	黑海、亚速 海、里海	波罗的海和 北美	具有很强的适应性和入侵性，种群 数量迅速增加和扩散，与本地种竞 争食物和栖息地，包括一些重要的 经济鱼类、食用幼鱼和鱼卵
北美栉水母 North American comb jelly *Mnemiopsis leidyi*	北美大西洋 海岸	黑海、亚速海、 里海	因其为雌雄同体且可自体授精，在 适宜条件下繁殖速度很快。大量食 用浮游动物，改变了食物网和生态 系统功能。在 20 世纪 90 年代，对 黑海和亚速海的渔业造成了重创。 目前，波罗的海面临同样的影响

　　有关中国港口到港船舶压载水的研究，主要从卫生防疫的角度关注病原菌的入侵，从赤潮防控的角度关注有害藻类的入侵。2001—2004 年，在对湛江港来自16 个国家和地区的 63 艘船舶的压载水调查中，采集到藻类 37 种，其中 17 种为当地未曾分布过的种类；2002—2003 年，对宁波港 52 艘远洋船舶压载水采样分析，采集到浮游植物 48 种，其中 13 种为与赤潮发生密切相关的藻种，此次检测到的旋链角刺藻，在随后的 2004 年宁波渔山列岛和象山港海域爆发的赤潮中均有

检出；2003—2004 年，对日照港 23 艘入境船舶压载水采样分析，采集到浮游植物 41 种，其中赤潮藻种 23 种；2004 年开始，有报道关注厦门港船舶压载水引入赤潮藻的风险情况；2006—2008 年，对厦门港、福州港、江阴港、湛江港、防城港港和洋浦港等港口的 17 艘外来船舶（8 艘集装箱船和 9 艘散货船）压载水采样分析，采集到藻类 257 种，其中赤潮藻 60 种；2007—2011 年，对上海港 60 艘外来船舶压载水采样分析，发现赤潮藻 62 种；2013 年，采集的 20 艘上海港国际航线船舶压载水，共检出赤潮藻 21 种；2015 年 4 月—2016 年 7 月，对停泊于上海洋山港的 9 艘"21 世纪海上丝绸之路"航线船舶压载水采样分析，共检出赤潮藻 13 种；2017 年 5 月，江苏检验检疫局对一艘靠泊江阴口岸的国际航行船舶压载水进行取样检测，检出赤潮生物红色中缢虫和赤潮藻米氏凯伦藻，其中，红色中缢虫为全国口岸首次在压载水中检出。

船舶压载舱沉积物中也会有藻类休眠包囊，据调查，一个压载舱中存活的甲藻包囊可达 3 亿个。2017 年 11—12 月，采集自江苏省江阴港口 5 艘外来船舶压载舱的沉积物中，共鉴定出甲藻休眠包囊 29 种（不含 3 种未鉴定种），此外，还发现了多种中国近海未报道的甲藻包囊种类，其中一种经过分子手段确定为异常亚历山大藻包囊，萌发和培养实验表明，该种包囊能够在中国近海萌发并增殖，有潜在的入侵风险和暴发赤潮的可能性。

就目前而言，中国沿海港口船舶压载水中的浮游植物对中国沿海港口及其邻近水域具有较严重的生态威胁。

3.4.1.2 压载水带来的外来生物入侵特点

与有意引种相比，船舶压载水排放带来的海洋外来生物入侵具有一定的特殊性。

一是入侵频率高且范围广。全球运输船舶每年携带的压载水约有百亿吨，每天通过压载水转移的海洋微生物、植物和动物至少有 7 000 种。其中，已被确认通过船舶压载水传播的外来海洋入侵种 500 多种。国际贸易的快速增长，使船舶到达港口的频率进一步提高，在地域上呈现全球性的特点，大大增加了压载水在近岸海域的排放概率。与自然因素驱动和有意引进带来的生物入侵相比，船舶压载水排放导致的生物入侵频率更高且范围更广。我国大陆海岸线长约 18 000 km，从北至南形成了环渤海地区、长江三角洲地区、东南沿海地区、珠江三角洲地区、西南沿海地区等 5 个规模化、集约化港口群，密集的港口布局以及巨大的贸易量，使我国近岸海域面临较大的外来生物入侵威胁。

二是具有隐蔽性但潜在风险大。伴随船舶压载水而来的部分海洋生物具有很强的适应能力，并在新的海域环境里开始大量繁殖，但在其引发外来生物入侵灾害前往往不会得到关注。这些物种一旦在新的栖息环境中存活并建立繁殖种群，可能会引起严重的生态、经济和人类健康问题。我国多个沿海港口到港船舶压载水的抽样检测已经检出霍乱弧菌等多种致病菌以及与赤潮发生密切相关的多种藻类，存在较高的潜在生态风险。

三是生态损害和经济损失严重。外来物种入侵后，将与处于同生态位的本土物种争夺食物和栖息地，严重破坏海洋生态系统的结构、功能，导致生物多样性的丧失，甚至本土某些物种灭绝。外来物种入侵可直接造成海产鱼类、贝类减产，诸如赤潮等海洋生态污染事件频发等会使海洋产业遭受严重损失。同时，为了控制和清除外来物种，需要投入巨额费用。例如，欧洲黑海的斑马贻贝随压载水排放入侵北美五大湖，据估计，1990—2000 年共造成了超过 50 亿美元的经济损失，而美国每年要花费 5 亿美元用于控制斑马贻贝的蔓延。20 世纪 90 年代初，中国香港在压载水中发现了沙筛贝，该物种原产地为中美洲热带海域，在九龙尖沙咀西的政府船坞上，沙筛贝几乎把土著的纹藤壶等生物完全排斥。沙筛贝被船舶带入厦门马銮湾海域，挤占本地海洋生物藤壶和牡蛎的栖息地，并与人工养殖的贝类争夺饵料，导致当地水产品大量减产。

四是威胁公众健康。船舶在河口、浅水区和邻近污水排放处加装的压载水很可能含有一些致病的细菌和病毒，可直接危害人群健康，也可能进入并存活于贝类等水生生物体内，公众食用后会存在健康威胁。例如，压载水排放给澳大利亚周边海域带来了 3 种有毒甲藻，这些甲藻繁殖很快并产生毒素，经过贝类的积累，最终致使人类食用发生中毒事件。1991 年，秘鲁太平洋沿岸爆发的流行性霍乱被认为是由船舶压载水引入的霍乱弧菌所致。

3.4.2　我国压载水管理现状

3.4.2.1　立法及管理政策

在《压载水管理公约》正式生效以及交通运输部海事局《船舶压载水和沉积物管理监督管理办法（试行）》实施前，我国对压载水的管理依据主要有《中华人民共和国海洋环境保护法》《中华人民共和国水污染防治法》《中华人民共和国国境卫生检疫法》《防治船舶污染海洋环境管理条例》等法律法规，主要是从防止船舶携带含油、有毒有害物质污染海洋环境，以及预防传染病由国外传入或国内传出等角度来设置的，着眼于保护海洋环境免受油污、有毒有害物质污染和保护人体健康，而没有充分考虑船舶压载水引入外来生物、影响海洋生态的问题。

随着《水污染防治行动计划》以及船舶与港口污染防治专项行动实施方案、长江经济带船舶污染防治等专项行动方案的发布实施，对进入我国水域（尤其是内河水域）的国际航行船舶按公约要求安装压载水管理系统的管控得到强化。在地方层面，上海市为了防治船舶及其有关作业活动污染上海港环境，于 1996 年出台《上海港防止船舶污染水域管理办法》，并于 2015 年进行了修订 [《上海港船舶污染防治办法》（沪府令 28 号）]，明确禁止船舶向水源保护区、准水源保护区和海洋自然保护区等区域排放压载水的要求，同时将罚款由“4 000 元以上 1 万元以下”增加为“2 万元以上 5 万元以下”；情节严重的，处 5 万元以上 20 万元以下”。

3.4.2.2　监管现状

（1）监管主体及相关责任。

船舶压载水的管理体制主要有 3 种模式，包括集中型、分散型和协调型管理模式。集中型管理由一个专门的独立部门对压载水的所有工作负责，目前尚无此类国家；分散型管理由政府的多个部门对船舶压载水进行分散管理，每个部门都行使各自的职权，互相独立，如德国、英国等；协调型管理是在多个部门管理压载水的基础上设立一个专门负责压载水管理的协调机构，对各部门的压载水管理工作进行协调和安排，如美国、日本等。我国对船舶压载水的管理属于分散型管理模式，其监管的责任主体为海事部门和原检验检疫部门。交通运输部海事局主要负责对公约适用商船的监管，压载水排放的核准，履行"船旗国"及"港口国"监督管理的义务；检验检疫部门在对外开放港口设有分支机构，负责在卫生检疫方面对压载水进行处理；中国船级社主要负责对船舶的检验、发证及船舶压载水管理系统的型式认可；生态环境部门主要负责对压载水带来的环境污染及损害进行监督管理；自然资源部门主要负责开展海洋生态预警监测、灾害预防、风险评估和隐患排查治理，在压载水管理方面，涉及海洋生物入侵风险评估、监测及预警、相同风险区域评估、港口区域海洋生物本底调查等职能。

目前，根据《船舶压载水和沉积物管理监督管理办法（试行）》（2019 年 1 月 22 日起实施），明确了中华人民共和国海事局统一负责全国船舶压载水和沉积物管理的监督管理工作。海事管理机构对进入我国管辖水域的船舶压载水和沉积物管理情况实施监督检查，检查的内容包括证书文书、船员对压载水管理操作熟悉程度、压载水管理系统的运行情况及压载水和沉积物的接收处置情况等。对于存在以下情况之一的，可按照公约和相关技术标准的要求开展压载水取样和检测：①压载水和沉积物管理相关的证书文书丢失、过期或失效，压载水和沉积物管理相关的证书文书内容与实际不符；②船上未指定负责压载水和沉积物管理的高级船员，船长或指定船员不熟悉压载水和沉积物管理相关的职责或基本操作，或未执行此类操作的；③未按《压载水管理计划》或操作说明使用压载水管理系统，未向海事管理机构报告影响船舶压载水和沉积物管理能力的事故或者缺陷的；④未按照本办法规定排放压载水和沉积物，未向当地海事管理机构报告压载水排放，未向当地海事管理机构提交《压载水报告单》的；⑤船舶无法提供证据，证明船上压载水和沉积物管理符合公约要求的例外或意外排放情况的；⑥压载水管理系统的运行超出系统设计限制参数范围；⑦收到违反公约或本办法规定的第三方报告或者投诉的。对于检测超出公约要求的船舶，允许其使用港口压载水接收处理设施对压载水进行处置。在尚不具备港口压载水接收处理能力的港口，海事管理机构应当允许船舶离开我国管辖水域对压载水进行置换并处理后再次进入锚地或港口。

（2）监管程序及相关案例。

以南通口岸压载水监管程序为例，船方或其代理在船舶进境前 24 h，向原检验检疫部门递交压载水报告单，具体信息包括船名、压载水装载港、装载量、压载舱分布，最近 3 次的压载水更换记录及更换方法，预计在中国港口排放的时间、排放量。原检验检疫部门接受船方或代理的申报单后，及时审核，筛选申报在南通口岸排放压载水的船舶，了解其压载水装载港、排放量及舱位分布。及时跟踪船舶进港时间、靠泊码头等港口作业信息。对来自霍乱疫区的船舶实施消毒处理。对装载自境外或怀疑更换不彻底的船舶压载水，必要时采集样品进行微生物及浮游生物检测，对作业时间紧，压载水急于排放的船舶，经船方申请进行预防性消毒处理。经检测达到消毒效果的压载水，签署业务联系单，准予在本港排放，由海事部门最终核准并进行排放监管。海事部门按照如下许可条件进行核定：排入接收船舶或接收设施的，接收船舶或接收设施具有相应的接收处理能力，从事污染危害物接收作业的人员已经过相应培训；排入水域的，符合相应的排放标准；来自疫区的压载水、洗舱水已经过原检验检疫部门的处理，不造成水域污染；已制订相应作业的安全、防污染措施和应急反应预案；对洗舱水、残油、油污水等的处理方案符合防止水域污染的有关规定。

2015 年 2 月 27 日，烟台海事局八角海事处执法人员巡查发现，停泊在烟台西港区 101 泊位的马绍尔群岛籍"TANDARA SPIRIT"轮正在排放压载水。经核实，该轮事先未按规定向海事部门申请，属于擅自排放压载水，违反了中国相关法律规定。烟台海事部门依法对该轮立案调查，于 3 月 2 日结案并予以处罚。自《船舶压载水和沉积物管理监督管理办法（试行）》实施以来，我国多个海事局开展了抵港国际航行船舶压载水港口国监督检查，也发现了一些违反公约的问题。例如，2019 年 1 月 30 日，对某艘外籍集装箱船舶实施 PSC 检查，根据压载水记录簿记录以及大副陈述，该轮自投入营运以来，多次排放未经处理的压载水；该轮被滞留后，验船师登轮，对相关船员进行了压载水管理公约相关要求和压载水管理系统操作的培训，同时针对体系滞留缺陷涉及的方面进行附加审核；复查合格后，船舶于 1 月 31 日被解除滞留。

根据福建省海事局收集的相关数据，检查船舶中约 20%遵循公约 D-1 置换标准，在 200 n mile 之外和水深至少 200 m 处，进行压载水置换，压载水来源于中国南海或东海；约 40%的船舶未能在进入我国港口码头前，事先置换压载水，压载水来源于国内港口海域内；约 40%船舶并未对压载水进行任何处理。

根据 2019 年江阴港压载水申报统计，压载水申报 244 艘次，压载水排放量

153 万 t，装有型式认可的 BWMS 108 艘次，占比 44.26%，未安装型式认可的 BWMS 135 艘次，占比 55.74%；压载水管理方式为压载水置换 45 艘次，压载水管理方式为压载水处理 41 艘次，压载水免除 56 艘次（免除原因为前一港是国内港口并进行压载水置换，免除签发为出入境检疫单位），压载水管理方式为其他的 102 艘次。

3.4.3 我国港口、港区压载水处置现状

3.4.3.1 我国主要到港船舶概况

我国主要到港船舶包括干散货船、液体散货（石油及液体化工品）船、集装箱船、普通散杂货船、滚装船、客运船。

液体散货船型可分为大型原油船、成品油船和液体化工船舶，代表船型为 30 万 t 级大型油轮和 5 万 t 级成品油、液体化工船。主要远洋船舶为大型油轮，30 万 t 级油轮为我国原油进口主力船型，涉及航线为中东、北非以及中北美地区等。5 万 t 级成品油、液体化工船以内贸、周边国家外贸为主，航线主要涉及我国邻近日本、韩国以及东南亚国家等。根据调研情况，该类船型压载舱容占船舶载重吨的 30%～50%，大型油轮压载舱容相对较小，成品油、液体化工船压载舱容占比较高，以 40%为主。

涉及远洋运输船型主要为 10 万 t 级以上大型干散货船，代表船型为 20 万～30 万 t 级干散货船，主要运输航线为澳大利亚、南美等。根据调研情况，该类船型压载舱容约占船舶载重吨的 30%。

集装箱船是目前我国主要外贸船型，也是主要远洋代表船型，其中主力船型为 7 万～10 万 t 级，航线范围较广。根据调研情况，该类船型压载舱容占船舶载重吨的 15%～30%，其中以 20%为主。

除上述船型外，航行于我国沿海且涉及外贸运输业务的船舶还包括杂货船、小型干散货船、滚装船以及客运船等。相当一部分杂货船、小型干散货船，属于远洋航线淘汰船型，并没有设置专用压载舱。滚装船、客运船在我国港口分布较少，设计船型方面并不统一，船龄跨度较大，船舶结构差别较大，因此压载舱的设置差异程度也较高。根据实地调研情况，滚装、客运船压载舱容一般为载重吨

的 30%～40%。其他船型中，中小型散货、杂货船主要以区域航线为主，环渤海、长江三角洲港口主要以区域内贸运输为主。南方港口涉及少量外贸运输，但也仅局限于局部航线。滚装、客运船方面，北方以大连港、烟台港、天津港为主，其他海域以长江三角洲、东南沿海各港口，以宁波-舟山港、福州港、厦门港为主。

3.4.3.2　我国到港船舶压载水排放情况

（1）压载水排放区域。

船舶压载水装载、排放等情况除根据船型、载货以及海况确定外，还与船舶航线、港口条件有着较大关系。船舶到港后，根据海事部门的管理要求适时锚地待泊、引航进港、码头靠泊。因此，船舶压载水排放地点可大致分为 3 处，即港外锚地、进港航道以及码头前沿。

（2）压载水输入量和输出量估算。

港口出入境船舶压载水的输入量和输出量与进出口货物的装载量和卸载量呈正相关，进出口货物的装载量和卸载量越大，出入境船舶压载水的输入量和输出量就越大，反之越小。因此，基于进出口货物装载量和卸载量与出入境船舶压载水输入量和输出量的相关性，大连海事大学张小芳、白敏冬等根据我国交通运输部和国家海关总署公开发布的外贸航运及商品进出口信息，通过归类 4 种典型进出口货物类型和对应运输船型，建立中国出入境船舶压载水排放量估算模型，并分析了排放特征。共统计了 56 个外贸港口进出口货物的装载量和卸载量，这 56 个外贸港口包含了中国全部的规模以上港口（规模以上港口是指年港口货物吞吐量在 1 000 万 t 以上的沿海港口和 200 万 t 以上的内河港口）。56 个外贸港口中，除沿海 39 个港口外，还包括 17 个与我国沿海港口相连接的、需要在相连海域沿海港口交换压载水的内河港口，主要有通过长江口和珠江口相连的长江沿线和珠江沿线各内河外贸港口，其中苏州港、南通港、江阴港、常州港、泰州港、镇江港、扬州港、南京港、芜湖港、九江港、黄石港、武汉港、岳阳港和重庆港共 14 个内河港口被纳入长江三角洲地区，肇庆港、佛山港和梧州港共 3 个内河港口被纳入珠江三角洲地区。除此之外，考虑香港和澳门的地理位置，将香港和澳门纳入珠江三角洲地区进行压载水输入量和输出量估算。

估算结果表明，2007—2016 年，中国出入境船舶压载水输入量和输出量巨大，并且呈现逐年增长趋势。压载水的输入量从 2007 年的 2.37 亿 t 增加到 2016 年的 3.46 亿 t，十年来增幅为 46.16%。压载水的输出量由 2007 年的 3.98 亿 t 增加到 2016 年的 9.57 亿 t，十年来压载水输出量增长了 140.53%。其中，输入长江三角洲地区的境外压载水量最多，占全国输入总量的 33.57%～38.98%，环渤海地区输出的压载水量最多，占全国输出总量的 37.31%～43.32%。对输入压载水贡献最大的是集装箱船，对输出压载水贡献最大的是散货船。长江三角洲地区压载水的输入强度最大，环渤海地区压载水的输出强度最大。五大港口群体中，长江三角洲和环渤海地区是船舶压载水输入和输出的重点区域。

（3）港区船舶压载水排放现状。

①洋山港区。

洋山港区位于杭州湾口外的浙江省嵊泗崎岖列岛，由大洋山、小洋山等数十个岛屿组成。目前，洋山港区全部四期工程共拥有集装箱深水泊位 23 个，其中 17 个泊位可以停靠 18 000 TEU 级（20 万 t 级）以上集装箱船舶。自投产以来，洋山港区集装箱吞吐量逐年增长，目前已成为世界上规模最大、作业最繁忙的集装箱港区。洋山港海事局的统计资料显示，洋山港区现有 77 条国际航线，覆盖全球主要经济贸易区；平均每月接卸国际班轮 350 艘次，其中包括 15 000 TEU 级（15 万 t 级）以上超大型集装箱船舶 60 艘次以及 18 000 TEU 级以上超大型集装箱船舶 50 艘次。

根据上海国际港务（集团）股份有限公司（简称上港集团）发布的数据，2018 年上海港完成货物吞吐量 5.61 亿 t，完成集装箱吞吐量 4 200 万 TEU，其中洋山港区完成集装箱吞吐量 1 842 万 TEU。从洋山出入境边防检查站获悉，2019 年上海港集装箱吞吐量为 4 330.3 万 TEU，其中，洋山港区集装箱吞吐量为 1 980.8 万 TEU，占上海港集装箱吞吐总量的比重为 45.7%。

洋山港海事局的统计资料显示，2017—2018 年，洋山港区排放压载水的船舶累计 170 余艘次，累计排放压载水约 596 900 m^3；2018—2019 年，洋山港区排放压载水的船舶累计 180 余艘次，累计排放压载水约 641 700 m^3。据洋山港海事局统计，2020 年 1—5 月，洋山港区排放压载水的船舶累计达 49 艘次，其中：国内航线船舶 18 艘次，国际航线船舶 31 艘次，累计排放压载水 168 146 m^3；8 艘次船舶压载水来自公海，累计排放量为 28 968 m^3。根据实船统计资料，国内航线集装箱船舶压载水平均排放量为 800 m³/艘次,国际航线集装箱船舶压载水平均排放量为 3 000～5 000 m³/艘次;单船压载水最大排放量为 11 080 m³;船泵压载水排放能力为 300～900 m³/h。

②南通口岸。

南通口岸 2014 年申请排放船舶 290 艘次,排放量 3 079 651 t,其中载自其他国家和地区的船数和压载水量分别为 105 艘次和 1 024 648 t,2015 年申请排放船舶 271 艘次,排放量 3 415 214 t,其中载自其他国家和地区的船数和压载水量分别为 76 艘次和 871 539 t,压载水排放量较大的为大宗散货船舶及进境修理船舶,集装箱船舶及化工品船舶排放较少,这与南通口岸的航运货种有一定的关系。

3.4.3.3 环评审批情况

根据环评基础数据库,2004—2018 年,国务院生态环境主管部门批复的沿海港口项目共计 179 个,涉及 40 个大港若干港区,分布于环渤海、长江三角洲、东南沿海、珠江三角洲和西南沿海,运输货种包括集装箱、油品、矿石、煤炭、LNG、液体化工品以及其他杂货等不同类型。179 个项目中有 85 个提出了压载水的环境管理要求,约占 47.5%。各海区港口项目统计情况见表 3-16。

表 3-16 各海区港口项目统计情况

海区	项目数量/个	环评批复提出压载水管理要求的项目数量/个
渤海	51	28
黄海	26	12
东海	60	28
南海	42	17
合计	179	85

对于压载水的环境管理要求,最早可见于 2003 年批复的黄骅港二期工程,审批提出了"应采取加氯灭活等措施处理船舶压舱水"的要求。2004 年以来,在沿海港口项目环评审批过程中,对压载水处理处置的管理要求得到进一步的强化。随着对压载水的认识不断加深,环境管理要求从刚开始的"污水处理"转变为"灭

活""防止外来生物入侵"。例如，2004 年项目审批过程中，大多数情况下是将压载水视为"含油污水"或其他常规污染源考虑，提出的要求一般为"进一步优化船舶压舱水、港区生活污水利用方案，设置船舶压舱水接纳处理设施，做到港区生活污水统一收集，经污水处理站处理达水质标准后，用于煤除尘系统或绿化用水"。2004 年之后，审批一方面强调了"按《2004 年国际船舶压载水和沉积物控制和管理国际公约》的有关规定建立船舶压舱水的排放、装载管理体系和处理设施"，另一方面也明确了废水处理设施增加压载水生物灭活处理措施，并对岸基处理设施提出了设置要求，同时也提出了加强对港区的环境监测和生物多样性监测的要求。

3.4.3.4　港口压载水接收处理措施实施及运行情况

基于环评基础数据库对 2007—2017 年提交国务院生态环境主管部门验收的 119 个港口项目进行了梳理，共 34 个项目在环评批复中明确提出了"入境外来压载水需经过生物灭活处理措施"或"在港区设置压载水接收处理缓冲池和高效压载水生物灭活装置"等要求，项目分布于环渤海、长江三角洲、东南沿海、珠江三角洲和西南沿海，涉及货种包括集装箱、油品、矿石、煤炭、液体化工等。从实际验收调查情况来看，仅有 5 个项目按照环评批复及批复的报告书要求设置了岸基压载水处置系统，但均未接收过压载水。其中，2 个码头采用二氧化氯灭活法，1 个码头采用臭氧灭活法，1 个码头采用次氯酸钠灭活法，1 个码头采用与 PureBallast 系统同等生物灭活功能的工艺，4 个码头建设了缓冲池，最大容积为 8 000 m³/2 座。

3.4.4　问题分析与对策建议

3.4.4.1　我国压载水环境管理存在问题

（1）现行法律法规不适应当前压载水管理要求。

一是未建立有效防控压载水外来生物入侵的立法模式。在《压载水管理公约》生效前，一些国家已经采取单边行动，通过其国内立法对船舶压载水的排放实施监管，确保能够减少或消除船舶压载水给本地海域带来的影响和危害。作为遭受海洋外来物种入侵最严重的国家之一，美国早在 1990 年制定了《外来有害水生生物预防与控制法》，1993 年发布"进入大湖区船舶压载水管理"最终规则，1996 年通过《国家入侵物种法》对《外来有害水生生物预防与控制法》进行了修订和再授权。《清洁水法》颁布后，压载水排放自 2008 年起纳入船舶许可管理。除联邦立法外，各州也纷纷加强了立法，甚至出台了比联邦立法更为严格的压载水监管办法。加拿大制定了《压载水控制和管理规章》以与《压载水管理公约》相衔接，并通过制定配套指南的方式使管理措施更细化和更具可操作性。澳大利亚在 1991 年制定了世界上第一部强制执行的《压载水管理指南》。新西兰通过《生物安全法》为压载水监管设定了基本原则和基本制度，《外来压载水进口的健康标准》则为船舶压载水监管制定了具体的管理办法和管理标准。

《中华人民共和国海洋环境保护法》是我国海洋生态环境保护领域的基础性法律，虽然提出立足于保护和改善海洋环境，维护生态平衡，保障人体健康的立法目的，但本质上仍侧重于防治海洋开发建设及污染物排放对海洋环境的污染损害，未充分考虑海洋外来生物入侵及其引起的海洋生态安全问题，并提出相应的管理要求。《中华人民共和国国境卫生检疫法》从预防传染病由国外传入或国内传出等角度提出国境卫生检疫机关根据国家规定的卫生标准对船舶压载水进行监督检查义务。2017 年修订的《中华人民共和国水污染防治法》增加了"进入中华人民共和国内河的国际航线船舶排放压载水的，应当采用压载水处理装置或者采取其他等效措施，对压载水进行灭活等处理。禁止排放不符合规定的船舶压载水"，体现了防控压载水外来生物入侵对内河水生生态造成损害的管理思路。在《压载水管理公约》生效和我国加入公约的背景下，交通运输部海事局于 2019 年 1 月 11 日发布《船舶压载水和沉积物管理监督管理办法（试行）》（以下简称《管理办法》），《管理办法》于 2019 年 1 月 22 日起正式实施，成为我国现阶段船舶压载水和沉积物管理的主要依据。2020 年，《中华人民共和国生物安全法》发布，自 2021 年 4 月 15 日起施行，该法中提出国际航行船舶压舱水排放等应当符合我国生物安全管理要求。

我国从立法层面积极推进了压载水管理工作，但完善的制度需要各个层级的立法相互配合、相互辅助，才能形成制度合力，达到保护海洋生态环境，维护海洋生态安全的目的。《管理办法》是海事部门的规范性文件，对船舶压载水的监督管理具有重要的指导意义，但是防控压载水外来生物入侵是一项系统性工作，从近岸海域海洋生物本底数据的掌握到入侵灾害的预警预测及应急机制的建立，从水域内航行、停泊和作业的国际航行船舶管理到陆域压载水和沉积物接收处理设施管理，涉及生态环境部、自然资源部、交通运输部等多个管理部门的职责，上位法相关内容的缺失不利于我国压载水的统筹管理。

二是未建立严格的法律责任和责任追究体系。从国外压载水管理经验来看，严格的法律责任和责任追究体系为有效监管压载水排放提供了强大的震慑力。例如，美国《清洁水法》对违反船舶压载水排放许可的行为规定了民事、行政和刑事等多重法律责任，密歇根州根据州法还要求承担自然资源损害赔偿责任。新西兰《生物安全法》对当事人提交的船舶压载水报告信息不正确的，将对个人处以12个月以下有期徒刑和（或）罚款。在我国，2017年修订的《中华人民共和国水污染防治法》对"进入中华人民共和国内河的国际航线船舶，排放不符合规定的船舶压载水"提出了"由海事管理机构、渔业主管部门按照职责分工责令停止违法行为，处一万元以上十万元以下的罚款"等处罚要求。2015年，上海发布的《上海港船舶污染防治办法》对向禁止排放水域排放生活污水、含油污水或者压载水的，提出了"处2万元以上5万元以下的罚款；情节严重的，处5万元以上20万元以下的罚款"等处罚要求。我国对压载水违法行为设定的大多为行政责任，以罚款为主，且罚款额度较小，违法成本低，不利于压载水随意排放行为的管控。

（2）分散型管理体制不利于压载水全过程监管。

一是未明确防控压载水外来生物入侵的统一管理部门。长期以来，我国压载水管理职能分散在海事、原海洋、原环境保护、原检验检疫等多个行政机构，监管的主体责任在海事部门和原检验检疫部门。根据相关规定，船舶应向海事部门和原检疫部门申报船上压载水的数量和加装地点及在港口区域排放压载水的数量，并在船上保存压载水操作的记录，以备海事主管机关检查。在公约生效前，我国海事部门对压载水的监管侧重于压载水中是否存在禁止排放的固体废物、油污和有毒有害的化学物质，原检验检疫部门侧重于压载水是否来自疫区，对压载水排放可能造成的外来生物入侵危害缺乏有效监管，也未明确统一的管理部门及具体职责。

二是陆海统筹尚未形成，监管存在漏洞。根据《管理办法》，船舶向水域排放压载水的行为目前由海事部门进行监管，对于检测超出公约要求的船舶，允许其使用港口压载水接收处理设施对压载水进行处置。但是，压载水进入港口后的接收处理设施以及处置去向的监管主体、监管责任及监管要求等尚未明确，海域与陆域协调联动机制尚未建立，监管存在一定漏洞。同时，压载水处理过程中过滤器反冲洗所产生的污泥成分复杂，若处理不当，也可能会造成环境污染。进行压载水舱清洁或修理的港口和码头还面临着含重金属、致病菌等有害物质的沉积物的处置及管理问题。

（3）压载水排放的相关标准要求缺失。

根据公约，船舶排放的压载水应符合 D-2 标准，该标准仅规定了与生物有关的指标，包括 50 μm 以上生物、10～50 μm 生物、霍乱弧菌、大肠杆菌、肠道球菌的活体数量，无其他水质指标。

一方面，压载水主要取自港口附近的水域，其水质情况与取水地点水质相似，可能存在无机氮、活性磷酸盐、石油类、化学需氧量以及重金属等污染物。例如，根据《2019 年中国海洋生态环境状况公报》，辽东湾、渤海湾、江苏沿岸、长江口、杭州湾、浙江沿岸、珠江口等近岸海域，主要超标指标为无机氮和活性磷酸盐。有关单位对上百艘船舶的压载水做了检测和统计，发现船舶压载水中悬浮物、藻类、菌类、石油烃类、磷、氮、重金属离子等含量较高。

另一方面，不同的压载水处理工艺的最终产物也存在差异，可能存在二次污染的风险。压载水处理技术经过多年的发展已趋于成熟，全球各国用于压载水处理的技术多达近 20 种。根据理化特性的不同，主要分为机械法、物理法和化学法三大类。机械法主要采用高流速、旋流分离、过滤、稀释、浮选沉淀等技术将海洋生物和压载水进行分离；物理法主要采用加热、紫外线、超声波和脱氧等技术对压载水中的微生物进行处理；化学法主要采用氯化、电解氯化、臭氧、二氧化氯、过氧化氢等化学试剂对水生生物进行灭活。目前，占市场主流的压载水处理系统多采用过滤法联合其他物理或化学方法，形成两大技术类型"物理分离+氯化灭活"的二阶段处理工艺和"物理分离+紫外灭活+电解"的三阶段处理工艺。化学法因其杀灭生物效果快速、高效，占据了全球压载水处理系统近 40%的市场份额，其中电解法占据了全球压载水处理系统市场的 29%。但是，由于海水中存在大量的氯/溴离子以及天然有机物，采用强氧化剂（如臭氧、电解海水产生的主要氧化剂次氯酸钠等）进行压载水处理时，将会产生以卤代化合物为主的化学副产物，而这些物质多数已被证实具有致癌性、致畸性。当含有这些副产物的压载水排放到近岸港口时，会对周围水域的海洋生态环境造成负面影响。

可见，仅以公约 D-2 标准作为压载水排放的限值要求，可能会导致水质污染问题被忽略。

（4）港口接收处理压载水和沉积物的能力严重不足。

一是船舶安装压载水管理系统面临诸多问题，港口具备应急接收能力成为必需。根据公约，压载水排放应通过置换达到 D-1 标准，或通过压载水处理达到 D-2 标准，压载水置换仅是过渡性管理措施，公约的目标是对压载水进行处理达到 D-2 标准后排放。为了满足 D-2 标准，目前最主要的手段是在船舶上安装压载水管理系统，对压载水进行物理、化学或生物处理，使排放的压载水中所含存活生物数量、指标微生物等符合规定要求。国际海事组织（IMO）制订了船舶强制安装压载水管理系统的时间表，最终保证在 2024 年 9 月 7 日前所有受公约约束的船舶均完成安装。

根据国际船级社协会（IACS）数据统计，所有入级 IACS 成员的船舶仅有不到 10%安装了压载水管理系统，已安装的压载水管理系统也存在一定比例的故障或使用问题。相关调研数据显示，自 2012 年起，美国平均每年检验国外船舶 9 300 艘，发现违规船舶 592 艘，其中存在压载水管理系统方面问题的船舶为 277 艘。同时，还有相当数量的船舶由于空间、电力负荷、使用价值等问题，不能安装压载水管理系统。在现有船舶未完成改造或不宜进行改造、已安装的船舶压载水管理系统因故障或其他突发情况导致需要到港口排放压载水时，可采取使用港口固定设备或利用集卡拖车、驳船等移动式设备接收处理压载水，或要求船舶离港到指定的水域进行交换等方法。考虑船期延误和置换的可操作性等制约因素，采取港口应急接收处理压载水更具可行性。因此，港口若不具备应急接收能力，除了会给近岸海域的生态环境带来损害风险外，也可能造成船舶船期延误和港口拥堵，降低港口通航效率，对港口自身的生产力和竞争力产生不利影响。

二是港口压载水接收处理设施研究加快推进，应用及推广进展相对滞后。港口接收设施是保护海洋生态环境防止船舶污染的重要手段。国际公约以及我国发布实施的《管理办法》均鼓励港口建设压载水接收处理设施，以应对船舶压载水管理系统故障或其他突发状况导致的无法满足公约要求的情况。同时，公约也要求每一当事国应承诺确保在该当事国指定的进行压载水舱清洁或修理的港口和码头内提供足够的沉积物接收设施。因此，提供港口压载水接收处理设施作为应急手段以及船舶沉积物的常规接收是对我国履约能力的考验。2004—2018 年，国务院生态环境主管部门批复的 179 个沿海港口项目中有 85 个提出了压载水管理要求，从实际建设情况来看，仅有 5 个项目按照环评批复及报告书要求设置了岸基压载水处理设施。但在公约生效前，只有通过检验检疫和海事部门申报许可后，船才可直接排放压载水，但并未接收至岸基处理设施进行处理，导致岸基设施未能运行。

　　基于岸基（shore-based）设备和驳船（barge-based）设备压载水处理系统的可行性研究最早可追溯到 20 世纪 90 年代，在美国西雅图、密尔沃基、巴尔的摩等港口的早期研究认为，受船舶与设备接口的通用性、船舶改造成本、设备技术可达性（能否满足标准要求）以及投入、运营成本等因素制约，实施压载水的接收与处理存在困难。2012 年，在丹麦 2 个港口开展的研究表明，基于驳船的压载水处理系统技术可行，但成本很高。2015 年，对克罗地亚里耶卡港口的模拟计算结果也显示，驳船设备的经济效益与港口接收处理压载水的频次和总量呈正相关。目前，全球已经有一些港口建成了压载水接收设施，如斯卡帕湾的 Flotta 油品码头，其压载水接收设施主要是为油船服务的，在原有的压载水接收设备的基础上进行了升级，可以接收处理大容量的船舶压载水；荷兰的 DAMEN 公司为北欧的 8 个港口提供了岸基压载水处理服务，将压载水系统固定在集装箱中，方便储存与转移；印度已经在探索使用驳船安装压载水处理设备作为港口压载水接收设施。公约生效后，我国在深圳盐田港开展了首次驳船压载水接收试验，压载水取样、快速检测技术以及港口应急接收处理设施的研发进入了攻坚阶段。2020 年，我国的帕克德压载水港口接收处理设施完成研发和样机生产，在国内多个港口进行设备性能和硬件测试，并于 12 月向上港集团交付一套压载水港口接收处理设施，处理量为 1 000 m³/h。虽然已有压载水接收设施建成的实例，但是在我国港口的应用及推广进展仍然非常缓慢。

（5）港口接收处理压载水的管理支撑薄弱。

一是沿海港口区域海洋生物本底数据缺乏。我国海岸线漫长曲折，沿海生物类群多样且复杂，一旦有外来生物入侵，很可能会对我国海洋生态环境造成严重且不可逆的影响。我国自 2003 年起在部分港口开展了压载水水生生物的调查研究共计 10 余次，包括宁波、秦皇岛、大连、日照、厦门、湛江、烟台、福建、上海等，但从全国范围来看，多数地区至今仍未开展相关调查工作，对压载水携带的水生生物、病原体等本底数据的掌握远远不足，无法为开展船舶压载水风险评估及预警、建立生态环境损害赔偿机制和技术指标提供数据储备。

二是港口应急接收需求尚未系统评估，应急接收处理方案需深入论证。压载水的排放量和来源是评估港口区域外来生物入侵风险的关键要素，也是提出科学、合理、适用的港口压载水接收处理方案的重要基础。由于国际公约生效时间较晚，我国到港船舶压载水应急排放情况尚无基础数据，不同港口应急接收压载水需求尚未开展系统评估。我国沿海港口一般由不同港区、作业区、若干码头以及一定数量的泊位构成，港区和作业区内往往布局有集装箱、油品、矿石、煤炭、液体化工等多类货种泊位，因货物装载量、卸载量以及船型不同的船舶压载水装载比例存在差异，压载水排放情况在不同港口之间也会存在明显差异。如何结合港区布局、空间以及压载水处理需求（船舶到港作业、压载水排放情况等），对压载水接收处理设施进行合理设置，确定适用的方案（集中式或移动式处置方案），是港口接收处理压载水面临的重要挑战。集中式处置方案，是指根据港区布局，将压载水接收处理设施布置于港区内的固定位置，铺设管线至各码头前沿，配备合理的对船接口，组成港口岸基压载水处置系统。集中式处置方案选用的技术方案组合可多样化，也可以结合区域环境质量状况控制排放标准，压载水处理环节中产生的污染物可集中收集处置。在充分考虑区域海洋环境质量状况下，对集中式处置方案设置合理的排口。移动式接收方案，是指采用港区集卡拖车、驳船等移动载体，将压载水处理设施送至需要排放压载水的船舶，对接后进行收集处理，该方案灵活性较强，且不占用港口用地，但对设施的处理效率要求较高。

3.4.4.2 对策与建议

（1）尽快完善相关法律法规体系。

为了尽快推动压载水管理工作步入正轨，可基于现有立法体系进行补充修订和调整。建议将防控压载水外来生物入侵对海洋生态破坏的管理要求纳入《中华人民共和国海洋环境保护法》修订内容，以改善海洋生态环境质量为核心，强化生态环境监管，明确法律责任，加大处罚力度。同步推进管理条例的制定，明确统一的管理部门、协调管理机制以及各部门职责，细化压载水管理要求，形成自上而下相对完善的法律法规体系。

（2）建立健全陆海统筹的监管制度。

建立涉及交通运输部、生态环境部、自然资源部等跨部门的综合协调机构，联合发布压载水相关管理政策，明确各参与方的权利和责任，形成陆海统筹的全方位监管制度。生态环境部应充分发挥环境污染及损害的监督管理作用，以环境影响评价、排污许可和环境执法为抓手，强化港口接收处理及排放压载水的环境管理，研究制订差异化监管措施，通过划定禁排区、限排区或特殊排放限值等方式对敏感水体实施严格保护。联合交通运输部开展我国压载水排放情况调研，摸清港口应急接收处理压载水需求底数，为压载水监管提供依据。建立与海事、港口管理部门、港口运营单位的联动机制，完善港口接收处理或转运处置船舶压载水和沉积物的联单管理制度。定期在全国范围内开展对外港口分布的近岸海域、河口和入海河流的本底生物物种调查，建立完善的本地海洋物种资源数据库。协调交通运输部、自然资源部共同搭建压载水管理信息平台，建立近岸海域外来物种入侵灾害预警以及应急处置体系。

（3）加快制定港口压载水接收处理排放标准。

以防控外来生物入侵、防止海洋污染为目的，结合公约提出的排放标准和国内水环境保护要求，根据主流的船舶压载水处理工艺能力和效果，尽快制定并出台港口压载水接收处理排放相关标准。对于重点区域，如岸线开发密度较高（尤其是外贸吞吐量较高的港口）、生物入侵风险较高、环境容量较小等需要采取特别保护措施的区域，研究制订特别排放限值。

（4）推进港口接收处理方案编制和应急能力建设。

全面推进港口压载水接收处理设施研究成果的应用转化，选择不同区域（环渤海、长江三角洲、东南沿海、珠江三角洲和西南沿海）和不同货种（集装箱、油品、矿石、煤炭等）的港口开展试点示范并尽快推广建设，提高港口应急接收处理压载水的能力。推动以港、港区或作业区为单位编制《港口压载水和沉积物接收处理方案》，对于采取集中式接收处理方案的，应给出排放口设置建议；不具备建设集中式接收处理设施的已建成港区或作业区，可采用移动式接收处理方案。建立跟踪反馈机制，根据国际公约及其相关技术导则最新要求，不断完善港口压载水接收处理设施建设。

（5）强化环评对压载水生物入侵风险防控措施要求。

港口总体规划环境影响评价应考虑港口开发引起的船舶压载水外来生物入侵风险，强化生物入侵风险防控措施，明确压载水禁止排放区域（如自然保护区等环境敏感水域）。对于所在港区（或作业区）尚未规划压载水接收处理方案的新建、改扩建码头，可根据项目所在港区（或作业区）码头分布、运营主体情况，分析压载水处理需求，提出适用的压载水接收处理方案。项目环评阶段应重点分析论证拟采取措施的技术可行性、经济合理性、长期稳定运行和达标排放的可靠性。对于处理过程中产生的污染物或其他固体废物，应结合其性质明确处置方式。

第 4 章

绿色港口建设

"十二五"时期以来，我国港口码头建设取得快速发展，目前已布局完成沿海五大区域港口群及长江、珠江等内河港口群。根据《国家综合立体交通网规划纲要》和《水运"十四五"发展规划》，今后一段时间港口行业仍将保持中低速增长态势。在国家生态文明建设和可持续发展要求下，港口行业发展面临着与日俱增的污染防治和生态保护压力，已成为制约行业可持续发展的"瓶颈"。

2019 年，交通运输部、生态环境部等九部门联合发布《关于建设世界一流港口的指导意见加快绿色港口建设》，明确提出加快绿色港口建设。2021 年，交通运输部发布《绿色交通"十四五"发展规划》，将"深入推进绿色港口和绿色航道建设"作为其重点任务之一。按照绿色港口建设的有关要求，行业主管部门陆续出台了有关行业污染防治和生态保护的具体政策及标准规范文件，涉及港口与船舶污染防治、港口清洁能源使用、铁水联运、生态保护修复、溢油防范与应急等多方面措施要求。

可见，推进绿色港口建设是行业未来可持续发展的必然要求。虽然行业在国家政策和环评管理、环境监管推动下，其污染防治、生态保护等关键措施、环境管理水平等方面取得了明显进步，但总体与绿色港口建设目标的差距还比较大。因此，在行业"放管服"和加强环评管理工作的大背景下，指导和推动港口行业绿色发展具有重要意义。

4.1 绿色港口建设的环评管理要求

为贯彻落实生态文明思想和绿色低碳发展要求，近年来国家和行业相关部门等陆续出台了诸多有关港口行业绿色发展的政策法规和规范要求，具体涉及港口项目选址布局合规性、港口粉尘污染防治、挥发性有机物控制、船舶废气防治、码头和船舶污水接收处置、生态保护和修复、集疏运工艺、减污降碳、溢油风险防范等方面。结合港口码头项目现行环评管理要求，本书对绿色港口建设的具体环保措施和要求进行总结分析。

4.1.1 码头选址布局和岸线利用

港口码头项目选址布局应符合所在港口及港区总体规划及规划环评审查意见要求，符合国家环保法律法规、生态保护红线、生态空间管控、围填海政策等有关要求，与主体功能区划、海洋功能区划、近岸海域环境功能区划、相关环保规划、周边城镇总体规划等相符。港口码头项目应节约化利用港口岸线资源，尽可能减少对自然岸线的占用，以避免对滩涂湿地等造成破坏。

4.1.2 干散货码头粉尘污染防治

为有效降低干散货码头粉尘排放量，总体要求码头项目采用先进的码头装卸、堆存和转运工艺，以从源头上减少起尘量。同时，实施全过程、各环节的综合粉尘防治措施，由单一环节治理转变为装车（船）、场内运输转载、堆场堆存、卸车（船）等各作业环节的全过程防控，采用风障抑尘、湿法喷淋、干雾抑尘、智能化监控等多种措施。要求干散货码头项目不断优化工艺流程，推动采用先进的防尘抑尘工艺技术。场内采取密闭转运，推动有条件港口煤炭、矿石采用筒仓、条形仓等密闭储存方式，露天堆场四周应配套建设防风抑尘网等。

此外，除配套建设洒水喷淋等设备设施外，还要求加强粉尘无组织监控和管理，据此完善日常管理措施达到措施实际效果。通过强化粉尘污染防治措施，以切实降低粉尘污染物产生量和排放量，使项目厂界颗粒物无组织排放达标，并降低对港区及周边区域的大气污染影响。

4.1.3　液体散货码头挥发性有机物控制

切实落实行业挥发性有机物管控措施，按要求对原油、成油品及液体化工码头装船、储罐储存、装卸车等采取油气回收等挥发性有机物控制措施。配套设置的油气回收设施，其设计能力、处理工艺、排放浓度和去除效率应满足相应执行标准要求；加强对油气回收设施的日常运行维护管理，确保油气收集和处置效率。储罐采用浮顶罐，按照《挥发性有机物无组织排放控制标准》要求，实施高效二次密封，加强设备与管线组件密封点的泄漏检测和修复工作，以减少源头产生量。

新增挥发性有机物排放量的港口码头项目，应按《关于加强重点行业建设项目区域削减措施监督管理的通知》及地方有关排放量削减政策文件，严格落实区域倍量或等量削减要求。对于经测算需设置大气环境防护距离的码头项目，应严格控制加强大气防护距离内用地的规划控制和优化调整。

4.1.4　船舶废气污染防治

船舶在码头停靠和港区行驶，通过采取船舶岸电使用、燃油含硫量控制等措施，可以大幅减少船舶辅机燃烧产生的烟气污染物排放量。现阶段除液体化工码头由于安全因素考虑外，要求其他码头项目配套建设靠港船舶岸电设施，并严格监管岸电设施利用率。按《船舶大气污染物排放控制区实施方案》规定，对项目施工船舶、运营期船舶燃料油的含油量提出控制要求。

4.1.5　码头和船舶水污染防治

港口码头项目运营期污水主要包括生活污水、生产污水和船舶污水，其中生产污水包括含油污水、含尘污水，其产生环节较多，可能涉及码头装卸区、储罐区或堆场区等；船舶污水包括船舶生活污水、含油污水，液体化工船舶还可能涉及化学品洗舱水。

总体要求码头和船舶污水全部得到妥善收集和处置，码头含油污水、含尘污水经收集最终排入港区有关集中污水处理设施处理后回用或达标排放；各环节含尘污水经收集和混凝沉淀处置后要求全部回用于堆场洒水、降尘等，在减少污水排放的同时降低新鲜水耗量。港区内的船舶含油污水、生活污水、船舶洗舱水等交有资质的第三方公司或码头项目接收上岸妥善处置。

4.1.6 码头集运系统

按照相关政策要求，码头项目环评中推动大宗货物增加铁水联运方式，总体要求煤炭、铁矿石等干散货、集装箱尽可能通过水运和铁路转运，液体散货码头尽可能通过管线转运等，以减少公路运输量，将极大地减少公路运输造成的废气污染物排放量。

4.1.7 生态保护

码头项目水工构筑物、疏浚、炸礁等涉水作业会造成水生生态损失，项目施工及运营可能对周边生态敏感区、珍稀濒危保护动植物、保护鸟类、鱼类"三场一通道"等造成一定影响。项目环评总体要求对水生生态损失进行生态补偿，对珍稀濒危保护动植物等采取针对性的保护措施，对受影响的水生生境进行修复等，包括工程设计和施工方案优化、施工悬浮物、施工噪声及振动控制、施工期监控驱赶救助、迁地保护、增殖放流、人工鱼礁及其他生态修复措施等，以减缓对所在海域的水生生态影响。

码头后方堆场或罐区开山等施工作业可能对陆生动植物及生态敏感区等造成影响，应按要求采取施工期生态保护措施，并对开挖坡面及时采取工程与植被恢复措施。

4.1.8 清洁能源使用

总体要求港口码头项目的港作机械设备、移动车辆等使用新能源和清洁能源，实施"油改电""油改气"等措施，提高新能源和清洁能源使用比例，以实现减污降碳目标。

4.1.9 溢油风险防范

港口码头环境风险事故主要为水域环境污染风险和大气环境污染风险。其中，水域环境污染风险包括船舶溢油风险以及陆域输油管线、储油罐产生的事故废水污染风险；大气环境污染风险包括管道、储油罐泄漏及火灾、爆炸次生污染物影响风险。

对于水域风险防范，项目环评中总体要求加强项目及区域溢油风险防范与应急能力建设，码头自身应按规范要求配备一定量的围油栏等溢油应急物资，以应对码头前沿小规模溢油事故，并充分利用周边可协调的其他溢油应急资源，在应急响应时间内应对较大规模溢油事故。对于陆域风险防范，要求结合储罐单罐大小、管线漏油量等设置足够容积的事故应急池，以应对事故废水储存，确保事故废水不外排；事故状态下的大气影响范围内应落实居民规划控制和疏散撤离措施。

4.2　典型港口集团或企业绿色港口建设实践

在国家及相关部门行业绿色低碳发展、绿色港口建设有关政策的大力推动下，我国大型港口集团或企业积极开展绿色港口建设实践，并在减污降碳、环境风险防范等方面取得了一定成效。本节针对宁波-舟山港、山东港、国投曹妃甸港口有限公司及其他港口企业开展了相关调研，对其绿色港口建设成果进行了总结分析。

4.2.1　宁波-舟山港实践情况

宁波-舟山港港区涉及浙江省宁波市和舟山市，位于大陆海岸线中部、长江经济带南翼，为我国对外开放一类口岸，沿海主要港口和国家综合运输体系的重要枢纽，国内重要的铁矿石中转基地、原油转运基地、液体化工储运基地和华东地区重要的煤炭、粮食储运基地。宁波-舟山港由镇海、北仑、大榭、穿山、梅山、金塘、衢山、六横、岑港、洋山等 19 个港区组成，有生产泊位 620 多座，其中万吨级以上大型泊位近 170 座，5 万 t 级以上的大型、特大型深水泊位超过 100 多座，是我国超大型巨轮进出最多的港口。2021 年，宁波-舟山港完成货物吞吐量 12.24 亿 t，同比增长 4.4%，连续 13 年保持全球第一；完成集装箱吞吐量 3 108 万 TEU，成为继上海港、新加坡港之后，全球第 3 个 3 000 万 t 级集装箱大港。

近年来，宁波-舟山港集团积极贯彻国家绿色低碳发展要求，推动绿色港口建设，在油气回收、粉尘治理、岸电设施、多式联运、清洁能源和新能源使用、压载水处置及溢油风险防范等方面取得了积极成效（见图 4-1，彩色插页）。

（1）在中油码头二期（信源码头）、舟山外钓原油码头等建设了两套油气回收装置。

（2）在宁波-舟山港中宅矿石码头二期投用了一部采用微米级干雾抑尘系统的链斗式卸船机，能有效地控制物料落差引起的矿石粉尘。

（3）目前集团各码头公司专业散货堆场周围均建设了防尘网，长度约15 000 m。根据货种和堆高的不同，防尘网高度一般在15～18 m，材质主要有两种，一种是钢结构加尼龙网，应用较多，另一种是钢结构加镀铝锌板。

堆场将常规的人工洒水方式升级为智能化计算机控制系统。集团下属镇海港埠公司建成该系统后，大幅降低了水资源消耗。根据测算，传统水喷淋系统每小时用水约57 600 L，同等条件下智能化精准抑尘技术仅用水约768 L，节约用水达98%以上。

（4）2016年，宁波-舟山港建成国内首个高压变频岸电项目，5月22日载箱量为1.3万TEU的大型集装箱船"中远丹麦"在宁波-舟山港穿山港区远东码头平稳接入港口电网，实现船舶靠港从"烧油"到"吃电"的转变。此外，穿山港区集装箱码头和中宅散货码头各建成1套高压岸电系统，项目被交通运输部列为首批港口船舶岸电电能替代示范项目之一，也是省内首个高压岸电项目。截至2021年年底，集团共建成高压岸电21套、低压岸电187套，主要生产经营码头泊位岸电总覆盖率达80%，其中宁波-舟山港集装箱及5万t级以上干散货泊位岸电覆盖率为90%。

（5）集团以省内集约化港口运输群为载体，通过"沿海港口+内河港口"的优势互补发展模式，全方位布局多式联运业务。一是通过建设一体化铁路港前站，联合相关部门综合规划部署铁路运输线路，实现水域、港口、铁路、公路的基础设施和运作组织无缝对接。二是打造协同运行管理机制，力求通过多式联运一体化运行机制上的创新突破，实现高效的运输组织与多式联运一体化产业链协作效果。三是多维度打造多式联运线路，加大散改集、公转铁、公转水推进力度，提升水路、铁路运输比例，减少集卡相关污染物排放。2021年，集团海铁联运量120.4万TEU，同比增长19.8%；江海联运量55.1万TEU，同比增长30.6%；海河联运量超过46.9万TEU，同比增长27%。

宁波-舟山港多式联运建设运行可有效降低能耗，节约能源，减少碳排放。以

2018—2021 年为例，经测算，海铁联运的生态效益相当于平均每天减少 4 300 余辆次小汽车交通量，年减少碳排放约 71.5 万 t，节约碳排放成本超 2 300 万元、节约燃油约 23 300 万 L，能源价值超 14.2 亿元。同时，在缓解交通拥堵，减少运输扬尘，在噪声污染、水污染和生态系统污染等方面都起到一定的改良效益。

（6）为满足船舶压载水应急处置需求，2021 年 6 月，宁波-舟山港北仑矿石码头交付了一套采用帕克德环保技术有限公司技术的 HarborBallast 500 m³/h 的海洋卫士压载水港口接收处理设备，用于处理船舶上不能自行处理等特殊情况下的压载水。该压载水处理工艺流程采用先进的电催化高级氧化技术去除细菌、病毒、藻类及休眠中的卵，以达到处理压载水的效果，处理达标后的清净压载水在港池内就近排放。

此外，2022 年集团公司投资建造了一艘"甬港联防一号"浮油回收船，该船除具有先进的浮油回收船功能，还专门为压载水处理设备留有配套空间，后期可根据需要，由"甬港联防一号"将压载水处理设备运往有需求的船舶，进行压载水的不上岸过驳处置。

（7）集团公司的外钓油品码头按环评批复要求，已配套建设 1 座 10 万 m³ 溢油应急池。该溢油应急池工程位于舟山外钓岛北端，于 2021 年 6 月正式开工，2021 年 12 月完成主体结构，外钓库区与应急池连接的重力自流管道同步全线连通，具备环境应急能力；2022 年 2 月 25 日，通过竣工环保验收。

在应急状态时，库区内油污水通过库区已建埋地管网重力流输送至库区污水处理站内已建 5 000 m³ 水池内，当油污水量超出污水处理站水池容积时，再通过新建 DN1 200 重力流污水管输送至 10 万 m³ 应急池内，此时 10 万 m³ 应急池内雨水管网上电动阀关闭。事故结束后，开启 10 万 m³ 应急池泵组，根据油污水来源，将池内油污水压力转输外运。

集团公司于 2022 年投产一条溢油回收船"甬港联防一号"，该船总长 53.76 m；核心设备收油装置采用侧挂式动态斜面收油机，配备消油剂喷洒装置、红外线探油仪、无人机平台、500 m³ 浮油回收舱和 400 m 充气式围油栏等设备，收油能力可达 200 m³/h；同时能够有效提供海上溢油污染回收及清除、应急指挥、监护警戒、海上消防、应急搜救等综合性服务。投产后将作为宁波港域联防体的主力船舶，主要服务原油接卸量最大的大榭港区，兼顾北仑、穿山和梅山等港区。

（8）宁波-舟山港集团公司对港口使用的集卡、拖轮等采用清洁能源和新能源，实施龙门吊油改电技术，减少港口大气污染物排放量。

截至 2021 年年底，宁波-舟山港集团共有 LNG 集卡 650 余辆，规模居全国前列，年用天然气约 20 000 t。大规模应用 LNG 集卡存在着气源供应不足与 LNG 使用条件较为苛刻等问题，近年来，宁波-舟山港在大量购置 LNG 集卡的同时，不断完善港区加气站供应，并根据 LNG 燃料特点，在集卡中加装气瓶防结冰装置。

电动集卡相较传统能源集卡来说，充电时间长，在土地资源本就捉襟见肘的港区设置大量充电桩会占用大量堆场，因此，选用自动换电站，占地面积小，自动化程度高。集团公司目前已投用 55 辆电动集卡，已在梅山港区投用 1 座换电站。自动换电站配有 7 块电池及 8 个电池充电位，占地仅 200 m^2。采用 3D 视觉识别技术，仅需 5 min 可全自动完成智能集卡车载电池的整套换电流程。

2021 年，集团公司在嘉兴乍浦港区投用 3 辆氢能集卡作为试点应用，使用效果良好，后续将在现有氢能源集卡在嘉兴港区的示范应用成果的基础上，加强氢能源车的测试，逐步扩大推广。

2020 年年初，集团公司投产了行业首艘 LNG/柴油双燃料拖轮，总投资超 8 000 万元，年用气量 200 t 左右，针对运营中出现的问题做了技术改造，预计 2025 年用气量将达到 500 t。与使用常规燃油的内燃机相比，可降低 20%的碳排放，基本消除全部的颗粒物和硫氧化物。

油电混合动力拖轮与传统拖轮相比，具有低油耗、低污染物排放、高灵活性、小装机容量等优势。目前，集团公司正在建造一艘油电混合拖轮，项目预计投资 5 596 万元。

目前，宁波-舟山港除部分特殊区域外（危险品堆场）已全部采用电力驱动的龙门吊，年替代燃油 4 万 t。

4.2.2　山东省港口集团实践情况

2019 年 8 月，山东省港口集团有限公司在青岛挂牌成立，是山东省政府批准成立的省属国有骨干企业，拥有青岛港、日照港、烟台港、渤海湾港等四大港口集团；公司串联 3 345 km 海岸线，拥有股权且正在运营的主要港区有 17 个、生产性泊位 300 余个；拥有全球最大的 40 万 t 级矿石码头、45 万 t 级原油码头，拥有可停靠 2.4 万 TEU 船舶的集装箱码头等。2020 年，山东省港口集团完成货物吞吐量 14.2 亿 t，占全省海港货物吞吐量的 84%；完成集装箱吞吐量 3 147 万 TEU，占全省海港集装箱吞吐量的 98.6%。

2021 年 5 月，集团公司编制完成《山东省港口集团绿色低碳港口"十四五"规划》，规划提出："十三五"期间，山东省港口集团实现港口绿色低碳循环发展，从能源结构调整、运输结构调整、港口布局调整、绿色低碳智慧管理、港口和船舶污染防治等方面不断发起攻势，为港口绿色低碳发展提供了有力支撑。规划提出了发展总体目标，包括到 2025 年，能源结构深度优化，节能降碳成效显著；运输结构明显优化，物流系统清洁高效；港口结构大幅优化，产业结构全面转型；低碳管理手段创新，绿色智慧协同发展；环境治理模式创新，减污降碳协同增效；到 2035 年，碳排放达峰后稳中有降，绿色低碳港口建设成效显著等。

（1）已完成所有港区原油、成品油装车线和加油站的油气回收改造；近年来已建设各类油气回收设施 31 台（套），处理能力达 36 万 m^3/h。

（2）近年来，新增建设洗车台 21 座、已建及在建挡风抑尘墙 19 000 m，年均环保投入约 6 亿元。2021 年，建成了覆盖所有散货作业港区的大气环境在线监控平台，实现各港区大气扬尘污染源全局管控和实时监测。

日照港是国内焦炭散货和集装箱运输的最大发运港，焦炭年下水量超 1 300 万 t；2021 年 12 月底，日照港启用国内首个"散改集"全自动工艺系统，该系统主要有卸车、堆料、取料、装箱和水平运输五大系统模块，拥有长 360 m、宽 75 m 的工艺大棚、条形仓、自动卸车除尘间、地下廊道等封闭作业区域，年设计作业量最高达 16 万 TEU，可降低 6% 的焦炭破碎率，抑尘率高达 97%，真正实现干熄焦"干来干走"（见图 4-2，彩色插页）。

（3）在船舶岸电设施建设及使用方面，山东省港口集团投资 2 亿多元已建设 30 余套高压岸电、100 余套低压岸电，全面完成交通运输部《港口岸电布局方案》下达的老旧码头改造任务，其中青岛港已实现非油气化工泊位 100% 具备供电条件。2021 年，山东港口累计岸电接电次数为 106 396 次，用电量为 452.66 万 kW·h，其中，高压岸电接电次数为 50 次，用电量为 38.81 万 kW·h；低压岸电接电次数为 106 346 次，用电量为 413.85 万 kW·h。

（4）在铁水联运优化运输结构方面，2021 年山东省港口集团集装箱海铁联运量继续保持全国沿海港口领先优势,完成作业量 256 万 TEU,较 2019 年增长 28%;铁路、水路、管道集疏运占比由 2019 年的 72% 提高到 2021 年的 76.2%。加快推进港区铁路专用线项目建设,其中青岛港前湾海铁联运扩能一期工程 2021 年 6 月完成竣工验收并投入使用,新增 3 条铁路线路及相关配套设施,长度为 850 m,新增集装箱到发运量 450 万 t/a,其中发送 225 万 t/a、到达 225 万 t/a。

(5)青岛港董家口港区原油码头二期按批复要求配套建设溢油应急池,总计约 5 万 m³,与罐区其他自建及依托的事故水池相互连通后的总收纳能力达 11.2 万 m³。

(6)在清洁能源和新能源使用方面,2021 年山东省港口集团电、气、氢等清洁用能占比达 55.2%,较 2019 年提高 14 个百分点。万吨吞吐量能源单耗 2.33 t 标煤,较 2019 年降低 13%;万吨吞吐量二氧化碳排放 2.37 t,较 2019 年降低 22%。

山东省港口集团推进设备设施的用能替代,近年来累计淘汰更新老旧桥吊、集卡等港作机械 900 台,计划 2022 年年底前淘汰所有国 I 标准非道路移动机械;结合清洁能源港作机械试点应用情况,新购牵引车、空箱堆高机、3 t 及以下叉车等机械车辆、现场通勤车辆原则上全部采用新能源或清洁能源。壮大清洁能源的供给能力,大力发展分布式光伏,具备条件的新建港区办公楼、仓库同步规划并安装光伏发电设施,同时推进现有屋顶平面光伏发电改造;预计 2022 年年底山东港口分布式光伏装机容量将超过 35 MW。积极研究推动港区分散式风电开发,将利用 10 个港区的现有堆场、边角地等自有建设用地开发分散式风电,共规划建设 69 台风机,总装机容量 37.8 万 kW,预计年发电量可达 10 亿 kW·h。加快新能源、清洁能源基础设施建设,目前港区拥有加氢站 1 座(另有办理前期手续 1 座)、智能集卡充换电站 2 座(另有在建 1 座)、加气站 5 座、汽车充电桩 120 座、太阳能应用项目 11 个、各类空气源及地源热泵机组 100 余台(套)、风光互补照明 17 套。

突出打造氢能综合应用示范区,加快推进以青岛港为龙头的"中国氢港"建设,包括已编制氢能建设总体规划;2021 年 12 月,在青岛港前湾港区启动全国首个港口加氢站项目建设,仅用 3 个月建成并具备使用条件;开展氢能集卡试点应用,青岛港在港区进行氢能集卡的全天候测试,已连续运行 142 d,港区车辆试运行取得预期效果;此外,还自主研发氢动力自动化轨道吊。

4.2.3　国投曹妃甸港口有限公司实践情况

国投曹妃甸港口有限公司成立于 2005 年 6 月，是国投集团为贯彻国家能源战略部署打造的"北煤南运""西煤东运"的社会化煤炭专业码头，是国家煤炭运输第三大通道——蒙冀铁路配套的出海港。公司拥有 5 万～15 万 t 级煤炭泊位 10个，堆场设计堆存能力 832 万 t，设计吞吐能力 1.25 亿 t/a，是国内单体规模最大的煤炭港口。投产以来累计完成煤炭下水超 6 亿 t，年煤炭发运量占环渤海煤炭下水总量的 10%左右。

（1）为更好地达到防风抑尘效果，公司续建工程 17#、18#堆场采用封闭大棚结构，大棚内煤炭理论堆存能力约为 40 万 t。采用钢网架结构，跨度 103 m，总长1 059.68 m，网架弧顶高度 40 m，该结构为国内港口环保工程首次采用（见图 4-3，彩色插页）。

（2）在公司堆场东、北、南 3 侧配套建设了防风抑尘网，其中东侧、南侧各高 23 m，北侧高 17 m，总长度约 4 670 m。防风网孔隙率为 40%，通过风洞模拟试验表明，在 6 倍网高距离范围内，风速最大折减率在 80%左右，抑风抑尘效果明显。

（3）实施翻车机干雾除尘洒水系统，通过优化改造，现翻车机整体雾化效果好，有效捕集煤尘，相较于洒水喷淋装置用水量大幅降低。实施翻车机给料器洒水抑尘改造，根据煤种及煤炭起尘情况，在底层给料器部位增加洒水设施，使水均匀地洒在煤炭表面，实现煤炭转运过程中的抑尘。实施翻堆、取装沿线头部洒水系统，在驱动站四周设立围挡，围挡内设置沉淀池、排水沟等煤污水收集排放系统，增设高压水喷淋系统、冲洗系统及远程电控系统，提高降尘效率和节约水资源。实施装船机雾炮洒水设备，雾炮抑尘效果明显。堆料机、取料机、堆取料机安装了自动洒水喷淋装置。堆场设置 1 102 套喷枪，除冬季以外，堆场内洒水喷淋设施加大使用频次，每天最少 6 次洒水，恶劣天气下在规定原有喷洒次数基础上，增加喷洒次数，大风天气，提前开启。采用新型抑尘剂，对煤垛进行喷洒，使煤垛表面形成黏结，增大煤垛表面的起尘难度等。

（4）建有煤污水处理系统，回收处理能力为 470 m³/h，处理后的污水全部回收再利用。公司建设两个煤污水沉淀池，合计蓄存能力为 11 000 m³。相应部门定期会对堆场、码头等处的排水沟进行清理，保障污水能够顺畅收集到污水处理厂，经处理后回用。

4.2.4 其他港口企业绿色港口建设实践

4.2.4.1 唐山港京唐港区堆场气膜封闭技术

唐山港京唐港区 36#～40#煤炭泊位堆场东侧，已建成全国单体面积最大、首个应用于沿海港口堆场的气膜结构条形仓，条形仓长度 1 130 m、跨度 130 m、高度 55 m，总面积约 14.74 万 m²，刷新了气膜行业单体面积纪录，有效突破了堆场面积过大、堆料种类多样、存取料工艺特殊、特殊地域环境及沿海地质条件差等难题。唐山港京唐港区气膜结构条形仓对内部堆场形成封闭空间，能最大限度抑制货物扬尘造成的大气污染，也是唐山港推进绿色港口建设、履行环保主体责任的重要举措（见图 4-4，彩色插页）。

4.2.4.2 大连港大窑湾港区堆场智能喷淋技术

以大连港大窑湾港区矿石堆场实际布局现状为基础，建立基于地理信息系统（GIS）的数字化堆场，通过在线监测终端，实时采集堆场局地风速、风向、温湿度及颗粒物浓度等数据信息，依托决策系统数据拟合，实时计算与预测各控制单元内在当前风速、风向、温度湿度等气象参数条件下堆垛表面含水率变化趋势，并绘制当前气象条件下的粉尘污染与排放强度情势图。在此基础上，系统智能判定洒水时间、洒水强度与洒水位置，并向喷洒水执行机构发出控制指令，驱动各单元洒水作业达到粉尘排放预期控制目标，实现真正意义上的干散货露天堆场智能喷淋（见图 4-5，彩色插页）。

4.2.4.3 实施干散货通用工艺改造技术

通用散货码头由于工艺水平低而导致的扬尘污染问题一直是生态环境与行业主管部门多年来难以解决的难题。近年来，随着环境保护要求的日益趋严，各沿海港口也在积极探索工艺改造技术，旨在从根本上解决干散货流机作业、搬倒作业产生的粉尘污染。例如，宁波-舟山港通用散货码头将装载机改造为履带式斗轮取料机，镇江港通用散货码头将装载机改造为环保型高效装船机与堆高机。

4.2.4.4　营口港污水生态塘处理技术

营口港鲅鱼圈港区综合污水处理厂利用生态塘技术对处理后的污水进行二次处理，既利用太阳能的光合作用以及各种食物链原理将污水中的有机物进行分解或转化进一步提升水质、提升蓄水能力、美化环境，又解决了废水处理排放不达标、雨水容易在堆场形成内涝及蓄水能力不足的问题。

4.2.4.5　日照港全国首个港口岸线退还生态岸线实例

日照港石臼港区煤炭作业区紧邻当地著名旅游景区，随着港口规模迅速扩大和城市快速发展，港城矛盾日益凸显。为有效解决港城发展矛盾，日照市与日照港携手规划退港还海工程，将靠近主城区的煤炭作业区逐步搬迁至远离城区的石臼港区南区，同时对腾空的海岸线进行修复再造，在先期人造、后期自然淤积的共同作用下，逐渐形成长度达 1 882 m、面积约 46 万 m² 的自然沙滩。

第 5 章

生态航道建设

生态航道是在国内外河流生态修复理论和河流健康评价实践不断深入，我国推进生态文明建设的背景下出现的新理念。生态河道目前尚无统一的界定，多数学者认为生态河道是指在保证河道安全的前提下，通过建设生态河床和生态护岸等工程技术手段，重塑一个相对自然稳定和健康开放的河流生态系统，以实现河流生态系统的可持续发展，最终构建一个人水和谐的理想环境。生态河道建设不仅包括生态河床和生态护岸等工程技术手段构建生态系统，也包括疏浚、控源消污等整治方法。

生态航道是在航道建设过程中，将航道的通航功能与维护河流生态系统健康和谐统一，与传统航道建设相比，更加注重保护河流生态系统，使其在发挥通航功能的基础上，还能维持原有生态系统结构和功能，生态系统结构和稳定的自我恢复能力，实现通航功能和生态系统功能共赢的可持续绿色发展。

5.1 生态航道建设内容

美国的生态航道建设主要以密西西比河的航道开发和治理为主。其航道建设经历了原始、助航、标准、高等级和智能航道 5 个阶段。自开发建设航运基础设施以来，采取了环境保护、生态建设、航运管理等措施，迄今保持了环境优美、生态友好的良好局面。欧洲的生态航道主要以莱茵河的航道开发和治理为主。20 世纪 50 年代，荷兰提议成立了沿线各国参与的"保护莱茵河国际委员会"，为改善莱茵河水质制订了一系列目标和措施,对莱茵河的生态修复起到了巨大作用。莱茵河流域在近两个世纪的不断开发建设中,沿江各国在共同利益的驱动下,始终从全流域的整体利益开发,非常重视环境保护,认真做好不同历史阶段全流域发展的综合规划,现在的莱茵河已成为欧洲内河航运名副其实的"黄金水道",取得了举世瞩目的社会-经济-环境综合发展效益,成为世界上江河开发的成功典范。

生态航道建设过程中,不仅考虑河床演变、浅滩类型、航道等级、通航保证率等,还需要考虑生物因素,保护航道附近关键生态敏感目标。河流生物主要包括鱼类、浮游藻类、水生植物、底栖动物、微生物等。水生生物群落结构与周围生境之间有着密切的联系,群落的健康与否,在很大程度上反映了整个水生生态系统的健康程度。目前,常用的理化学属性难以代替生物指标来衡量生物完整性,采用生物指标是开展河流健康评估的高级阶段,也是衡量航道是否生态的直接指标。

生态航道不仅有河岸带生态化带来的视觉上的外在绿色,而且还必须有河流航运功能与其他功能良好协调营造的内在"绿色",即保护、恢复和维护河流通量-生境与生物群落的健康。以"生态优先、绿色发展"的理念,解决航道整治工程与生态保护的关系。在生态航道设计工作中,科学注入生态环保理念,不断优化工程布局、结构和规模,避免、补偿、缓解和最大限度地降低工程对外部环境的影响;在生态航道科研工作中,以生态航道的概念、方法、技术和管理体系研究为统领,系统进行生态航道建设科学研究,为生态航道建设提供可靠的科学依据;在生态航道实施工作中,通过广泛实施生态护岸、生态护滩、水下鱼礁等多种生态工程结构,积极修复水、岸、滩的自然生态,保护生物多样性。生态航道建设应考虑以下几个方面:

(1) 航道建设应放眼于全生命周期成本,而非一次性工程建设投入。在以往的航道建设工程案例中,有的项目只考虑工程建设的一次性投资,而忽略了工程建成之后的养护管理费用,导致新建不久就需每年投入大量的人力、物力去修复。除实际成本增加外,由于项目在水工作业的过程中会导致水体浊化,直接或间接影响水生植物的光合作用,使水体溶解氧量有一定的下降同时,在施工期产生的生活污水和少量的含油污水等,对水生态环境也造成一定程度的破坏。因此,这种重复的建设过程实际上就是对生境的二次破坏,并且严重扰乱水生生物的正常演替，毁坏水生态系统的多样性。所以，适当地加大航道建设的先期投入，保证后期的养护费用，将更加有利于延长航道的使用寿命和航道沿线的水生态系统的稳定，有利于确保工程建设的经济合理性。

（2）航道景观建设。航道景观主要包括航道线形、航道构建物、航道标志以及沿河的绿化和美化。航道线形除美观与实用外，生态航道还应尽量不改变天然河流的自然形态，做到与自然的和谐统一。一方面，在一定范围内的护岸应当采用相对统一的形式，不会给人以凌乱感；另一方面，较长的范围则应有渐变的、连续的不同形式，以改善护岸的视觉效果。航道标志包括地名标志、助航标志、管理标志。航道中尺寸适宜、字迹端正、造型新颖的航标，不仅有利于航行的安全，而且又为航道的美观锦上添花。航标的制作采用反光材料，既利于夜间的助航，又为城市夜景增色。沿河的绿化有多方面的作用：一是有利于水土保持，起到涵水保土的作用；二是有效的绿化带可诱导航向，消除司乘人员的视觉疲劳；三是美化航道。

（3）航道服务区建设。航道服务区是在航道沿线布置的用以增强航道服务性功能、改善内河航运效率、提升水运行业服务形象的重要辅助设施。一般设立航道管理中心、服务中心等，以满足航道监测管理、船舶维修、加油、生活垃圾处理等需求。生态航道服务区除满足上述功能外，还应通过绿化、护岸等方法将其营造成公园式的休闲场所。

（4）生态工程技术的应用。消减航道工程的生态胁迫，利用工程的利好因子，开发生态环境友好型航道整治技术，是生态航道可持续发展的关键所在。航道整治工程中要尽量采用天然的、环境友好型的材料，施工过程中尽量遵循自然过程，减少对生态环境的破坏，并帮助受损生态系统能够逐渐自我修复。

①研究合适的生态护岸工程结构形式，根据各航道整治实际情况和实际河床边界条件，合理选用护岸形式，构筑生态护岸工程。

②研究合适的水下构筑物工程，包括生态坝体、生态护底、生态护滩带以及相关附属工程等，合理选用水下构筑物。

③研究珍稀水生动物庇护场所建立与保护工程，利用根据河段实际地形条件，在工程涉及的豚类保护区河段开展生物资源调查和开辟保护地，保证船舶在航道区行驶，减少对保护水域物种的影响。

5.2　航道整治工程环评中生态型构筑物要求

　　航道整治工程的护坡主要分为堤岸护坡和洲滩护坡，防止堤岸和洲滩坡岸遭受水流冲刷侵蚀而崩塌。传统的航道护坡工程着重强调了航道的航运功能及河道的防洪、排水功能，主要从力学的角度考虑边坡的稳定性及护坡的抗冲刷性，多采用以硬质护坡形式。

　　传统的航道治理中护坡形式主要包括干砌块石护坡、浆砌块石护坡、混凝土预制块护坡等。传统护坡其优点在于抗冲刷性较强，护坡效果好，有效防止了水土流失，并且结构的安全性、耐久性较好。但给河流生态系统造成了极大的危害，具体表现在以下几个方面：一是硬质护岸阻碍了坡面上下水分和物质能量之间的相互交换，对生物生存环境造成了严重的影响；二是从河流生态系统来看，硬质护岸造成了陆域生态系统和水域生态系统之间的相互隔绝，阻断其交流和联系，不利于河流自身水体净化能力的发挥和生态系统的恢复；三是硬质护岸带来的无植被、少植被覆盖等问题严重影响了航道两岸的景观效应和人文效应。据统计，在使用传统护岸模式后，仅单一防护，沿河生物种类就减少了 70% 以上，水生生物种类也下降到了原本的 50%，有的地区更为严重。

　　生态护坡构成一个完整的生态系统，除结构体外，还包括植物、动物及微生物，护坡系统内部之间及与相邻系统间均发生着物质、能量和信息的交换，通过良性的循环，可进行自我修复，使护坡不仅具有景观效果，还能修复污染的河流水体，提高河流的自净能力，从而为河流生态系统的健康提供保障。生态护坡是利用植物或者植物与护坡结构相结合，对河道坡面进行防护的一种新型护岸技术和形式。

　　近年来，生态型护滩结构及新型材料在长江中游航道整治中也有所应用。为规范生态航道的建设，进一步推进长江航运绿色发展，长江航道局先后编制了《长江航道整治工程生态设计指南（试行）》《长江航道整治工程绿色施工指南（试行）》，提炼了一套可复制、可推广的生态航道建设经验。

5.2.1 规划环评要求

在航道治理工程中，生态护坡的提出和实施最早在"十一五"时期。

《长江干线航道建设规划（2011—2015年）环境影响报告书》中提出："提高生态设计理念，优化施工方案及施工方式，合理施工时序和工法，护岸工程和补坝选择生物多样性破坏小的设计和施工方案，考虑生态护坡，注重河流与岸坡的有机联系，提出采取生态护坡、生态鱼巢砖、透水石笼框架等结构。"

《汉江、江汉运河高等级航道建设方案（2011—2015）环境影响报告书》和《珠江三角洲高等级航道网建设方案（2011—2015）》中航道整治的主要工程措施包括航道拓宽、疏浚、护岸和航道支持保障系统建设等，规划环评阶段没有对生态护坡提出要求。

《西江航运干线航道建设规划（2011—2015年）环境影响报告书》提出，在航道建设规划实施过程中，应该以建设生态型航道为目标，在建设期和运营期采取相应的生态防护措施将规划项目的生态影响降到最低，保障航道建设不会对流域的水生生态系统的多样性、完整性、水质、景观等造成不可逆转的影响。生态航道建设应该包括鱼道建设和产卵场保护、生态护坡建设等。规划环评中明确要求在护岸设计、施工过程中尽可能考虑生态型护岸。

《长江干线"十三五"航道治理建设规划环境影响报告书》提出了航道整治工程有效生态保护措施清单，该措施清单包括避让、减缓和补偿三大类，其中减缓措施中明确提出"合理构筑护滩、护岸型式，因地制宜地选择有利于生态修复的结构，如透水框架、鱼巢砖、钢丝网格、生态钢丝网格、植生型钢丝网格、生态护坡砖等"是有效的，有利于提高植被及底栖生物恢复率、加快泥沙淤积速度，营造鱼类产卵、栖息生境所需的生态条件。

5.2.2 项目环评要求

湘江二级航道二期工程原狮球水库坝外山凹河汊岸线整治采用了雷诺护坡。雷诺护坡是生态护坡的一种形式，有较好的岸线生态修复效果。

长江中游荆江河段航道整治工程（3.5 m）工程在规划环评提出生态建设的理念上，开展了生态航道示范工程建设，提出了多种生态护坡、护滩方案，包括透水框架、鱼巢砖、钢丝网格、生态袋钢丝网格、植生型钢丝网格、生态护坡砖、生态固滩等多种生态工程结构，积极修复水、岸、滩的自然生态，保护生物多样性。岸坡守护面采用钢丝网护垫生态护坡结构，环评建议工程的生态护坡植物采取狗牙根草本和蔷薇灌丛结合种植的方法，并加强后期人员维护。考虑植生袋生态护坡技法在生态堤上应用效果良好，属于国家 863 计划"十五"重大科技专项，环评建议荆江河段航道在设计阶段选择部分河段采用以上植生袋生态护坡法。此外，荆江河段航道整治工程高滩守护岸坡守护面采用钢丝网护垫生态护坡结构，对全线高滩守护岸坡守护面进行覆土绿化。同时，环评还要求对生态护坡植被生长情况跟踪调查。

长江下游芜裕河段航道整治工程环评要求在护岸守护区利用生态护岸工程营造利于水生生物附着的亲水护坡、护岸等，采用钢丝网生态护坡，选用当地常见植物芦苇、荻草；在曹姑洲心滩和陈家洲布置 2 处鱼巢砖；对生态护坡植被生长情况跟踪调查。

长江下游安庆河段航道整治二期工程陆上护坡采用生态护坡，要对护面结构进行绿化。为体现生态护坡效果，加快植被的覆盖，使护坡部分与周边的环境尽快融为一体，对钢丝网格通过播撒植物种子的形式进行绿化。由于长江为径流型的河流，水位变幅较大，为便于植被的成长，选用耐淹性较强的芦苇、荻草、野菱和芡实草籽进行播种。同时，环评要求对生态护坡植被生长情况跟踪调查。

5.3　工程应用实践情况

5.3.1　总体情况

在长江航道治理中生态护坡应用主要在中下游河段，其中荆江航道整治工程、界牌河段航道整治二期工程、戴家洲河段航道整治二期工程、安庆河段航道整治一期工程、长江南京以下 12.5 m 深水航道建设一期工程等工程中均有应用，见表 5-1 至表 5-3。

"十一五"时期长江航道整治中，生态护坡在枝江-江口河段航道整治一期工程等 19 个工程中有一定的应用，生态护坡相关总投资 22 339.66 万元。其中，钢丝网格、加筋三维网格垫等共实施 56.3 万 m^2，投资约 5 053.49 万元；透水框架约 265.1 万件，投资约 17 213.99 万元；生态护坡砖 4 604 m^2，投资约 72.18 万元。

"十二五"时期长江航道整治中，生态护坡在宜昌至昌门溪航道整治一期工程等 16 个工程中有一定的应用，生态护坡相关总投资 65 536.89 万元。其中，钢丝网格、植生型钢丝网格等实施 167.8 万 m^2，投资约 15 955.5 万元；透水框架约 807.1 万件，投资约 47 567.45 万元；生态护坡砖 18.6 万 m^2，投资约 1 103.7 万元；鱼巢砖 504 m^2，投资约 72.58 万元，此外，还有一定数量的植草护坡。"十二五"时期生态护坡应用不仅比"十一五"时期实施范围更广，工程量更大，而且生态护坡相关投资也显著增长，达 193.3%。

"十三五"时期长江航道整治中，生态护坡在宜昌至昌门溪航道整治二期工程等工程中有一定的应用，以钢丝网格和透水框架为主。

表 5-1 "十一五"时期长江航道整治中生态护坡应用

序号	项目名称	生态措施	单位	工程量	投资额/万元
1	枝江-江口河段航道整治一期工程	钢丝网格	m^2	68 549	721.27
2	沙市河段航道整治一期工程	透水框架	架	136 983	1 073.18
3	沙市河段腊林洲守护工程	钢丝网格	m^2	12 810	197.93
		透水框架	架	198 529	1 555.36
4	瓦口子水道航道整治控导工程	钢丝网格	m^2	38 493	286.62
5	马家咀水道航道整治一期工程	钢丝网格	m^2	4 608	35.06
6	瓦口子-马家咀河段航道整治工程	钢丝网格	m^2	64 163	603.77
		透水框架	架	514 315	2 724.33
7	周天河段航道整治控导工程	透水框架	架	43 649	285.60
8	藕池口水道航道整治一期工程	钢丝网格	m^2	120 149	1 130.00
		透水框架	架	105 480	699.44
		钢丝网石笼挡墙	m^3	1 798	64.45
9	窑监河段航道整治一期工程	钢丝网格	m^2	12 579	115.37
		透水框架	架	132 648	842.98
10	乌龟洲守护工程	透水框架	架	44 964	346.45

序号	项目名称	生态措施	单位	工程量	投资额/万元
11	陆溪口水道航道整治工程			0	0
12	罗湖洲水道航道整治工程			0	0
13	戴家洲河段航道整治一期工程			0	0
14	牯牛沙水道航道整治一期工程			0	0
15	武穴水道航道整治工程			0	0
16	张家洲南港上浅区航道整治工程			17 380	136.71
17	马当河段航道整治一期工程	钢丝网格	m²	29 137	269.72
		生态护坡砖	m²	2 359	36.93
		透水框架	架	311 210	2 447.98
18	安庆水道航道整治工程	钢丝网格	m²	53 876	457.89
		加筋三维网垫	m²	71 500	443.80
		透水框架	架	651 867	4 512.22
19	土桥水道航道整治一期工程	钢丝网格	m²	85 480	727.61
		透水框架	架	493 565	2 589.74
		生态护坡砖	m²	2 245	35.25
合计					22 339.66

表 5-2　"十二五"时期长江航道整治中生态护坡应用

序号	项目名称	生态措施	单位	工程量	投资额/万元
1	宜昌至昌门溪航道整治一期工程	钢丝网格	m²	33 677	311.92
		透水框架	架	498 960	2 657.46
2	长江中游荆江河段航道整治工程昌门溪至熊家洲段工程	生态护坡砖	m²	179 351	984.46
		透水框架	架	3 151 519	17 582.32
		生态护滩	m²	3 050	13.96
		鱼巢砖	m²	504	72.58
		钢丝网格	m²	930 871	8 732.50
		水草垫	m²	2 331	26.61
		植生型钢丝网格	m²	40 203	528.39
		三维加筋垫	m²	19 391	138.12
		箱式网状促淤结构	m²	9 375	1 191.56
		仿沙波排	m²	125 093	1 036.65
		生态袋钢丝网格	m²	16 870	320.53

序号	项目名称	生态措施	单位	工程量	投资额/万元
3	杨林岩水道航道整治工程	钢丝网格	m²	89 556	749.36
		透水框架	架	622 148	2 349.91
4	界牌河段航道整治二期工程	钢丝网格	m²	21 056	201.84
		透水框架	架	344 740	2 001.56
5	赤壁至潘家湾河段（燕子窝水道）航道整治工程	钢丝网格	m²	31 919	368.89
		透水框架	架	160 300	1 142.40
6	武桥水道航道整治工程（2#桥墩守护区以外）	钢丝石笼	m²	9 749	341.22
		透水框架	架	216 546	1 030.76
7	天兴洲河段航道整治工程	钢丝网格	m²	2 028	30.62
8	湖广-罗湖洲河段航道整治工程	钢丝网格	m²	71 970	618.73
		透水框架	架	559 216	2 659.63
		三维加筋垫	m²	9 013	41.38
9	戴家洲河段航道整治二期工程	透水框架	架	64 681	77.81
		钢丝网格	m²	101 966	769.03
		播种	m²	101 966	39.66
		草坪养护	m²	101 966	31.30
10	牯牛沙水道航道整治二期工程	透水框架	架	316 238	1 774.51
11	鲤鱼山水道航道整治工程	透水框架	架	421 490	2 568.56
12	新洲-九江河段航道整治工程	钢丝网格	m²	98 502	860.12
		生态护坡砖	m²	6 761	119.24
		透水框架	架	240 435	1 687.13
13	马当南水道航道整治工程	三维加筋垫	m²	56 000	352.86
		透水框架	架	399 040	2 773.33
14	东流水道航道整治二期工程	钢丝网格	m²	57 377	529.02
		透水框架	架	582 782	4 424.48
15	安庆河段航道整治二期工程	钢丝网格	m²	44 540	518.85
		透水框架	架	332 660	2 326.88
16	江心洲水道航道整治工程	钢丝网格	m²	43 670	542.12
		透水框架	架	116 976	1 007.23
		人工鱼槽	组	9	1.40
合计					65 536.89

表 5-3　"十三五"时期长江航道整治中生态护坡

序号	项目名称	生态措施	单位	工程量	投资额/万元
1	宜昌至昌门溪航道整治二期工程	钢丝网格	m²	40 310	7.62
2	东北水道航道整治工程	钢丝网格	m²	102 998	1 242.67
		透水框架	架	438 249	3 099.54
3	蕲春水道航道整治工程	三维加筋垫	m²	175 167	1 007.56
		鱼巢砖	件	100	15.79
		透水框架	架	652 138	5 054.16
		散草籽	m²	125 000	27.63
4	新洲-九江河段航道整治二期工程	钢丝网格	m²	176 933	2 226.35
		透水框架	架	219 041	1 859.21
		鱼巢砖	m²	100	15.80
5	武汉至安庆段 6 m 水深航道整治工程	钢丝网格	m²	356 310	4 237.59
		生态护坡砖	m²	111 630	12 226.39
		透水框架	架	2 203 040	17 439.26
		鱼巢砖	件	6 090	1 428.38
		植草	m²	1 666 516	314.97
合计					50 202.92

5.3.2　生态护坡工程

5.3.2.1　荆江航道整治基本情况

长江中游荆江河段上起湖北宜昌枝城,下迄洞庭湖出口处的城陵矶,河段全长 347.2 km。工程建设范围位于荆江河段中游昌门溪-熊家洲段,全长约 280.5 km,共布置 12 处水道,设置了 9 个作业面涉及河岸段长 64.4 km。工程按 I 级航道标准进行整治,航道尺度为 3.5 m×150 m×1 000 m(水深×航宽×曲率半径),水深保证率为 98%,通航代表船队为 2 000～3 000 t 驳船组成的 6 000～10 000 t 级船队。工程涉及的主要生态保护目标情况见表 5-4。

表 5-4　工程涉及的主要生态保护目标

序号	名称	级别	位置	保护对象	与工程的关系
1	湖北长江天鹅洲白鳘豚国家级自然保护区	国家级	石首新厂—湖南塔市五码口 21 km 长的长江故道和故道上下游 89 km 的长江江段	白鳘豚栖息地及江豚	工程位于保护区内，项目由周天河段自新厂以下江段、藕池口、碾子湾及莱家铺水道整治等部分组成，包括护滩（底）10 处，高滩守护工程 12 185 m，护岸加固 7 103 m；涉水工程占用河流水面面积总计 340.16 hm²，占保护区面积的 2.23%
2	长江监利段四大家鱼国家级水产种质资源保护区	国家级	监利长江段，由长江故道长 20.0 km 和长江干流 78.48 km 水域组成，全长 98.48 km	青鱼、草鱼、鲢、鳙"四大家鱼"	窑监和大马洲段工程位于保护区核心区江段、铁铺河段和熊家洲河段工程位于保护区实验区江段。工程共涉及护滩（底）带 15 道，其中高滩守护工程 6 024 m，护岸加固 12 192 m。工程占用监利种子资源保护区面积 190.8 hm²，占保护区总面积的 1.19%
3	四大家鱼产卵场		洋溪-枝江 29 km	青鱼、草鱼、鲢、鳙"四大家鱼"及其产卵场	枝江-江口河段包括 9 条护滩带，3 道填槽带，1 段护岸加固长度 1 791 m，水下抛石量 7.16 万 m³，水下整平面积 3.1 hm²
			江口-涴市 25 km		
			虎渡河-观音寺 27 km		沙市河段包括 4 条护滩带，1 段高滩守护带，滩地守护面积 3.2 hm²，1 段护岸加固长度为 1 876 m，水下抛石量 15 万 m³
			马家寨-新厂 28 km		周天河段包括 1 条潜丁坝，5 段高滩守护带，滩地守护面积 20.6 hm²，3 段护岸加固长度为 2 469 m，水下抛石量 9.88 万 m³
			藕子口-石首 15 km		藕池口水道包括 5 条护滩带，1 段高滩守护带，滩地守护面积 2.9 hm²，1 段护岸加固长度为 1 406 m，水下抛石量 5.6 万 m³
			莱家铺-调关 34 km		莱家铺水道包括 5 条护滩带，3 段高滩守护带，滩地守护面积 17 hm²，1 段护岸加固长度为 3 111 m，水下抛石量 12.4 万 m³
			塔市驿-沙家边 25 km		窑监—大马洲段包括 6 条护滩带，2 段高滩守护带，滩地守护面积 5.8 hm²，1 段护岸加固长度为 2 313 m，水下抛石量 9.3 万 m³

5.3.2.2　荆江航道工程采用生态型结构工程及功能

（1）一次成型透水框架。

框架自身有较大的空隙，抛投施工后，每架之间相互架空，具有较大的孔隙率，具备鱼类和微生物生存的空间，可作为鱼类产卵和微生物生存的场所。

（2）护岸鱼巢砖。

砖内部有连续的空腔，分层布置于护岸之中，与河道相通，从而为鱼类等水生生物和两栖动物提供一个安全的繁衍生息空间，利于它们躲避天敌，降低洪水季节快速的水流、砂石对它们的危害，起到保护生物多样性的作用。

（3）钢丝网格。

钢丝网格具有整体性和透水性好、可适应不均匀沉降、施工简便、耐久、防水流冲刷等优点，还能起到环保绿化的效果。

①植生型钢丝网格。

植生型钢丝网格生态护坡作用体现在以下几个方面：在草皮没有长成之前，可以保护土地表面免遭风雨的侵蚀；可以保持草籽均匀地分布在坡面的土层上，免受风吹雨冲而流失；黑色网垫能大量吸收热能，增加地湿，促进种子发芽，缩短植物生长期，加快植被的生长；植物生长起来后形成的复合保护层，可经受高水位、大流速的冲刷（可经受 4～5 m/s 的流速）。

②生态袋钢丝网格。

生态袋钢丝网格具有植生型钢丝网格护坡所有的优点，同时，因为土、肥料、草籽一起填充在生态袋内进一步加强了固土作用，由于等效孔径较小，土壤溶解后也很难流失，保土性能大大增强；对波浪的反复淘刷作用也有了很强的抵抗能力。

（4）生态护坡砖。

生态护坡砖一般采用开孔型护坡砖，高糙率开孔铺面有助于厌氧生物的附着和生存，起到净水清淤的作用；种植孔可种植植被，形成全绿化护坡，绿化护坡植物不仅能起到美化环境改善生态的作用，其根茎还能对坡面起到一定的加固和自然消化微生物的作用，边坡破坏的植物可使被破坏的生物链又逐渐拟合形成，从而逐渐恢复到原始自然环境；水位变动区的水生植物从水中吸收无机盐类营养物，可以增强水体增强自净能力，改善河道水质；生态护坡砖将水、河道、岸坡植被连成一体，在自然地形、地貌的基础上，建立起阳光、水、植物、微生物、土体、护岸之间的生态系统。

（5）仿生水草垫。

仿生水草垫具有减速促淤的作用，由于流速的降低和水草阻碍，促使水流中夹带的泥沙在重力作用下不断地沉积到三维加筋垫上，逐渐形成一个被水草"加筋"了的沙滩，能改善微生物的生存环境。

5.3.2.3 荆江航道生态护坡实施效果

洪水港护坡采用土工格栅卵石笼，观音洲采用六边形预制块中间开孔种植香根草方案、纯土坡种植香根草以及宽缝四边混凝土方案，团结闸下段采用干砌石间空隙种植香根草方案、六边形预制块中间开孔种植香根草方案和纯土坡种植香根草方案，团结闸上段采用干砌石间种进行试验种植香根草和土坡种植方案，向家洲采用钢丝网石笼方案，南五洲采用低坡比钢丝网石笼与竖直挡墙结合方案，腊林洲采用钢丝网石笼与散抛石方案（见表 5-5）。

表 5-5　荆江航道治理中生态护坡

序号	地点	护岸型式	护岸时间	植被措施	护岸类型
1	岳阳洪水港	土工格栅卵石笼	2008 年 5 月	自然恢复	硬质结构与植被结合法
2	监利县观音洲	宽缝四方块	2011 年 5 月	黑麦草+狗牙根	预制构件法
		六方混凝土框	2011 年 5 月	香根草	预制构件法
		土坡削坡	2011 年 5 月	香根草+狗牙根	植物护岸法
3	监利县团结闸下段	六方混凝土框	2011 年 5 月	香根草	预制构件法
		层码干砌石	2011 年 5 月	香根草+狗牙根	硬质结构与植被结合法
		土坡削坡	2011 年 5 月	香根草+狗牙根	植物护岸法
4	监利县团结闸上段	层码石	2011 年 5 月	香根草+狗牙根	硬质结构与植被结合法
		土坡削坡	2011 年 5 月	香根草+狗牙根	植物护岸法

序号	地点	护岸型式	护岸时间	植被措施	护岸类型
5	石首市向家洲	钢丝网石笼	2014 年 5 月	—	硬质结构
6	江陵县南五洲（张家榨）	钢丝网石笼	2010 年 5 月	—	硬质结构
		钢丝网石笼加三维植生网	2014 年 5 月	狗牙根等多种草本与灌木	硬质结构与植被结合法
		钢丝网石笼加生态袋	2014 年 5 月	狗牙根等多种草本	硬质结构与植被结合法
7	沙市腊林洲	钢丝网石笼	2014 年 5 月	自然恢复	硬质结构
		散抛石		自然恢复	硬质结构
		生态护坡砖		狗牙根等	预制构件法

（1）洪水港段。

洪水港的水上土格栅护坡试验段是首次在长江流域使用，研究的目的是观察经过几年后坡面自然复绿情况及植物群落情况。

水上岸坡选用土工格栅石笼护坡护岸。土工格栅属土工特种材料中的一种，在 20 世纪 80 年代由美国 netlon 公司开发并应用于土木工程，此后迅速被推广到欧洲、美国、日本等地。一般由聚丙烯（PP）或聚乙烯（PE）材料加入抗紫外线助剂经挤出后拉伸成型。

2009 年 12 月，经过 3 个汛期后对现场进行了土工格栅的采样和查勘，现场马道以上植被覆盖相对较好，马道以下则植被覆盖较少，现场观察到，部分灌木树干已嵌格栅体。

2014 年 5 月，再次对洪水港生态护坡进行查勘，由于水位上涨，马道及以下部分护坡已看不见，但中高位坡位植被覆盖情况良好，盖度为 100%，优势种为禾本科的野小麦，伴生种包括禾本科芦苇以及唇形科益母草等。总体植被恢复情况良好，根系稳固深入土层。

洪水港是顺直河段的过渡段，近岸流速表现为中、低水位时流速较小，而漫滩水位时流速较大。目前，洪水港的植物均为人工坡面经过几年的自然恢复形成的。人工护岸后，自然沉积物中，低坡位为砂壤土、中高坡位为粉质壤土和粉质砂壤土，中坡位更适合植物生长，低坡位不利于植物生长，但汛后（10 月后）低坡位有机质沉积后可为一年生植物迅速提供生长基质。后续工程措施中，中、高坡位应选择一些根系发达的植物进行固土，如在自然植物恢复过程中，在中坡位已有灌木植物树干嵌入格栅体中，低坡位则为本地自然的一年生植物为主。

经过 7 年恢复，可以看到土工格栅卵石笼在洪水港实施效果良好，未采取任何植被措施情况下早期植被恢复速度较慢，后期本地物种恢复情况良好。

（2）观音洲段。

观音洲段位于弯道过渡段，坡位流速分布和土壤分布与洪水港总体相反，低坡位为壤土且流速较小，有利于植物生长，同时也有利于泥沙淤积，中高坡位为砂质壤土和粉质砂壤土，漫滩时滩面流速较大。观音洲生态护坡试验段主要目的为研究在弯道过渡段，采用土坡、六方框种植香根草的可行性，及采用四方块种植黑麦草的复绿情况（见表 5-6）。

表 5-6　观音洲护岸工程区群落植物种类（汛后）

工程类型	坡位	工程植物措施	优势种	伴生种	层盖度
土坡植	低坡	香根草+狗牙根	香根草、萹蓄	朝天委陵菜、广东蔊菜、齿果酸模、荔枝草、狗牙根、通泉草、虉草	1
物护岸	中坡	香根草+狗牙根	香根草、狗牙根	芦苇、泥蒿	0.8
加筋植	低坡	六方框+香根草+虉草	虉草、香根草	狗牙根、齿果酸模、广东蔊菜	1
物护岸	中坡	六方框+香根草+狗牙根	香根草、狗牙根	芦苇、紫苏	1
预制结构护岸	低坡	四方块+黑麦草+狗牙根	狗牙根	虉草、苍耳、葎草、狗尾巴草、马鞭草、画眉草	1
	中坡	四方块+黑麦草+狗牙根	狗牙根	芦苇、益母草、齿果酸模	0.9

2011 年 10 月 9 日，经过一个汛期后的生态护坡，马道高程 23.5 m，与马道平齐略高处香根草有存活。四方块覆土全部被冲刷走，未淹没坡面只见零星野生植物，底部灰色为淤砂土。移栽的苦草没有旁边的香根草生长旺盛。四方块区 28.5 m 以下高程基本无黑麦草存在，28.5 m 以上未淹没区有黑麦草和本地植物的

存在，表明第一年四方块区采用撒种盖土的方法是不成功的。

香根草区六方框区和土坡区香根草大部分存活，表现在低高程区香根草高度仅 60 cm 左右，而滩顶则可达 150 cm 左右，这主要是低高程香根草受水淹没时间较长发育较为迟缓。另外，低高程处香根草起到的促淤作用使部分香根草被埋，勾缝区香根草促淤作用较不勾缝区明显，表明坡面水流作用直接影响坡面落淤情况。框内卵石多被带走，而香根草长势较好的框内则由淤积物填充，表明香根草高大时，能起到较好的固土和促淤作用。本地植物苦草经过一个汛期后已基本没有存活。

第二个主汛期，高水位时间较长，不利于植物的存活。2012 年 9 月 22 日工程区水位为 26.85 m 左右（1985 国家高程）。2012 年 5 月 14 日—9 月 22 日，水位均维持在这一高水位以上，时间长达 133 d，超过 4 个月时间，因此，低于这一水位的香根草均无成活。同时，高坡位香根草的促淤功能显现，局部淤积厚度达到 7～8 cm。香根草株高达到 1.5 m。2013 年 4 月 10 日，工程区水位为 21.85 m 左右，离香根草种植区有 2 m 高差。香根草区高程约 26.5 m 明显为植被分界高程，以上为香根草区，以下为本地物种。

2014 年 5 月，现场踏勘发现经过 3 年的人工措施和自然恢复，观音洲段生态护坡植被恢复良好，植物物种丰富，覆盖度较高。人工种植的黑麦草和香根草已经被当地物种替代，但作为先锋物种，为该区域土壤的形成和其他植物物种的生长提供了合适的生境。各护坡类型和不同坡位之间存在显著的植被差异。四方块混凝土区域中低坡位以菊科小蓬草和狗牙根为主，中坡位以菊科一年蓬为主，形成明显的高程界限，坡面上仅有少量芦苇生长，主要生长在堤顶；六方框区域中低坡位优势种以小蓬草和狗牙根为主，高坡位及堤顶以芦苇为主；自然土坡区域植被与六方框区域类似，由于没有六方框结构的限制，高坡位芦苇生长密度更高。

总体来说，从水位变动情况来看，香根草区在经历第一个汛期受水浸泡前仅有 2 个月的养护期，不利于汛期植物生长，第一年汛后水淹两个半月，低坡位香根草存活，但生长缓慢，其固土和促淤作用明显。第二年低坡位香根草水淹四个半月，基本不能存活，由其他本地物种代替，中高坡位生长旺盛。可见，水位变动引起的植物淹没时间对植被生长尤为重要。

（3）团结闸下段。

团结闸下段试验段主要目的是研究在流速相对一般的情况下，层码干码石和六方框种植香根草的生存情况，以及较陡土坡下香根草的生存情况。

团结闸下段位于顺直段下段，枯期和汛期流速都不是很大，目的是研究有加筋和无加筋情况下较陡坡面下（1∶2.5）的香根草的存活情况。2010 年 2 月 25 日前完成裹头干砌石工程及水下抛石工程；裹头上游 34+390～34+430 段削坡工程及高程 25.65 m 以下的镇脚工程；香根草种植于 2011 年 4 月 14 日开始，2011 年 4 月 23 日完成。

混凝土六方框区：低坡位物种丰富度指数和生态优势度指数均为 1.0，表明马道以下在两个半月的淹没期的情况下，仅有香根草可能存活，原播种的狗牙根已全部死亡。中坡位六方框区物种丰富度指数、多样性指数、均匀度指数和生态优势度指数分别为 11、1.632、0.47 和 0.513，表明在马道以上在淹没时间较短的情况下，除香根草外，物种达到 10 种，其中优势物种为香根草、狗牙根，另伴生有画眉草、水花生、水蓼、益母草、狗尾草等。

干砌（码）石区：中坡位物种丰富度指数、多样性指数、均匀度指数和生态优势度指数分别为 21、3.000、0.68 和 0.217，与混凝土六方框区比较，虽然干砌石区香根草成活率不高，但与此相反，物种达到 21 种，植物多样性明显高过混凝土六方框区，优势物种为香根草、狗牙根，另伴生有水蓼、水花生、齿果酸模、鸡矢藤、苍耳、水芹、萹蓄、苦荬、画眉草等。

第二个主汛期，高水位时间较长。2012 年 9 月 22 日，城陵矶冻结吴淞水位 28.46 m，相应的工程区的水位约 28.35 m，高出马道 27.5 m 约 0.85 m，香根草存活线位于 29.0 m 处。29 m 以上水位时间为 2012 年 5 月 14 日—9 月 22 日，长达 4 个月，因此低于这一水位的香根草均被淹死。同时，高坡位的香根草的促淤功能显现，香根草成活的上游区形成长达上百米的淤积线。

2014 年 5 月，对该段护坡查勘发现，工程区域及下游形成了数十米的淤积线。六方框区域低坡位无植被生长，中坡位淤积区以小蓬草为主，伴生益母草和一年蓬，高坡位仍以香根草为主，伴生芦苇。干码石区域低坡位淤积明显，中坡位以鹅观草为主，伴有小蓬草和水芹，高坡位以香根草为主。

六方框区、干码石区和土坡三段在 1∶2.5 坡度区对比试验表明：香根草不适合在该河段土坡区种植，六方框区的存活率明显高于干码石区，但干砌石区的物种多样度明显高于六方框区。香根草的成活条件至少可以经受 2.5 个月的完全水淹没，而除香根草外的所有其他本地物种均不能经受 2.5 个月的淹没期。中高位高大的香根草具有显著的促淤作用。

（4）团结闸上段。

团结闸上段试验段主要目的是研究在流速较大坡度较陡情况下，层码干码石和干砌块石接合方案下的香根草生存情况，以及较陡土坡下香根草的生存情况。

香根草面积 1 500 m²，狗牙根面积 1 500 m²（含营养土），2010 年 2 月 28 日前完成香根草及狗牙根护坡工程。养护时间为 3 月 1 日—5 月 30 日。另外，在码头附近实施了部分四方块生态工程，具体设计与观音洲相同。

干砌（码）石区：低坡位物种丰富度指数、多样性指数、均匀度指数和生态优势度指数分别为 5、1.14、0.49 和 0.61，优势种为香根草，伴生种为短穗苋、狗牙根，层盖度为 0.7；中坡位分别为 20、3.02、0.7 和 0.16，优势种为香根草、狗牙根，伴生种为短穗苋、旱柳、牛筋草、双穗雀稗。低、中坡位比较，明显低坡位物种多样性要低，生态优势度要高，这与水淹时间有极大的关系。

土坡种植区：低坡位物种丰富度指数、多样性指数、均匀度指数和生态优势度指数分别为 8、1.49、0.50 和 0.49，优势种为狗牙根、藨草伴生种为香根草、通泉草、香附子、荔枝草。与干码区低坡位相比，多样性指数略高，但香根草大部分死亡。

四方块区：中坡位物种丰富度指数、多样性指数、均匀度指数和生态优势度指数分别为 4、0.26、0.13 和 0.93，在 3 种方案同坡位比较时，物种最为单一，仅有 4 种物种。

第二个主汛期高水位时间较长。2012 年 9 月 22 日，城陵矶冻结吴淞水位28.46 m，相应的工程区的水位约 28.68 m，高出马道 27.5 m 约 1.18 m，香根草存活线位于 29.0 m 处。29 m 以上水位时间为 2012 年 5 月 14 日—9 月 22 日，长达 4个月，因此低于这一水位的香根草均被淹死。同时，高坡位的香根草的促淤功能显现。此外，四方块区基本无植物存活。

2014 年 5 月，对该段护坡查勘发现，土坡削坡区以狗牙根为主，高坡位仍有香根草生长。层码石区域中坡位以小蓬草为主，高坡位仍以香根草为主，香根草之间的间隙区域已有木本柳树生长，且发育良好。中坡位层码石出现了小幅松动与沉降，而高坡位区域由于香根草根系的守护，土壤基层较稳固。四方块区域植物以小蓬草为主，生物量低，盖度也低，植株矮小。

干码石区、土坡和四方块三段在1∶3坡度区对比试验表明：香根草不适合在该河段土坡区种植，干码石区的存活率明显高于团结闸下段的干码石区。低、中坡位比较，明显低坡位物种多样性要低，生态优势度要高，这与水淹时间有极大的关系。四方块区植物覆盖度小，物种最为单一。

与团结闸下段和观音洲相同，香根草的成活条件至少可以经受 2.5 个月的完全水淹没，而除香根草外的所有其他本地物种均不能经受 2.5 个月的淹没期。中高位高大的香根草具有显著的固土作用。

（5）向家洲段。

石首向家洲采用低坡比钢丝网石笼与竖直挡墙的结构形式，植被以小蓬草等草本为主，在不同高度坡位呈显著的带状分布，部分坡位可能由于一年中水位停留时间较长，冲刷较为严重，土壤留存少，无植被生长。

（6）南五洲段（张家榨）。

江陵县南五洲段主要采用钢丝网石笼型式，包括早期的基本型和新建的增加三维植生网和生态袋的改进型。其中，2010 年建设的钢丝网石笼护坡，目前，植被以狗牙根为主，盖度高，但植株比较矮小，无明显的高程分布差异。高坡位区域可见少量灌木杨树等木本植物嵌入钢丝网石笼中。

2014 年新建的带有三维植生网和生态袋的钢丝网石笼护坡型式，在完工早期可以看到草种能够顺利萌发，但相比而言，三维植生网区域的萌发率要显著高于生态袋区域。而在经历一个汛期以后，低坡位生态袋区域没有明显破损，保土效果较好，但袋内土壤向生态袋下部堆积，而且袋体部分存活植被较少，主要在交接处有少量草本存活生长，整体植被覆盖率低。中坡位三维植生网区域在特定高程由于水位停留时间较长，淘刷较为严重，出现卵石裸露的无植被带。高坡位区域植被恢复较好，基本为低矮草本，工程施工时种植的枸杞等灌木有少量存活并冲破三维植生网。

三维植生网具有一定的固土防淘刷作用，但在水位长时间停留淘刷严重区域作用不大，另外，三维植生网属石化合成材料，防火效果差，环境友好性有待进一步检验。

（7）腊林洲段。

沙市腊林洲段钢丝网石笼区域植被分布存在显著高程差异，水面以下可见刚淹没的杂草，中坡位卵石裸露无植被，高坡位以菊科小蓬草为优势种。相邻的散抛石区域在中高坡位植被恢复较好，以禾本科为主。

腊林洲生态护坡砖区域结构完整，衔接牢固，中高坡位可见狗牙根等少量草本萌发生长，受生态砖本身结构限制，恢复植被分布稀疏，覆盖率较低。但该段工程为 2014 年新施工工程，先锋群落会向顶级群落逐步演替，最终的植被恢复效果还有待观察。

5.3.2.4　生态护坡效果评价

综上所述，不同生态护坡型式均能在荆江河段合适区域取得较好的植被恢复效果，但不同型式之间和不同河段之间仍存在一定差异。

在洪水港，土工格栅卵石笼实施效果良好，未采取任何植被措施情况下，早期植被恢复速度较慢，但后期本地物种恢复情况良好。在缓流的观音洲区域，受护坡硬质结构的影响，自然土坡区域植被密度最高，六方框区域次之，四方块区域最低。在团结闸区域，自然削坡与层码石区域植被恢复优于六方框区域和四方块区域，但层码石区域的护坡结构稳定性不如其他硬质护坡结构。在南五洲，钢丝网石笼护坡取得了较好的效果，但在向家洲和腊林洲植被恢复较差，出现明显的局部高程裸露。

试验河段中自然护坡河段植被恢复均较好，但其位置均处于缓流区，不具有代表性。层码石（散抛石）型式植被恢复较好，但存在稳定性的隐患，需要定期维护。六方框型式结构较为稳定，在缓流区植被恢复较好。四方块型式受自身结构限制，植被覆盖率较低。土工格栅卵石笼和钢丝网石笼属同一类护坡型式，能够形成良好的植被恢复，但也受到不同河段流速、水位等因素影响，植被恢复效果存在较大的差异，如果能够人工培育先锋物种，并结合固土措施，应该能够取得较好的效果。

5.3.3 护滩护底工程

5.3.3.1 荆州沙市流区的三八滩和金城洲以及黄石牯牛沙水道

根据中国水产科学研究院长江水产研究所《长江中下游航道整治河段护滩护底工程对底栖动物影响研究报告》资料整理。

2014 年，3 月 22—29 日（枯水季节），6 月 5—12 日（涨水季节），8 月 20—26 日（丰水季节），12 月 1—8 日（退水季节）分别对长江中游枝江-江口水道的水陆洲，荆州沙市流区的三八滩和金城洲，以及黄石牯牛沙水道的护滩护底工程进行了现场调查，对这些河段透水框架区和非工程区底栖动物群落进行了采样分析。初步了解了这些河段底栖动物群落结构及多样性空间分布特征，明确了透水框架区和非工程区底栖动物群落的种类组成、密度和生物量、多样性指数的变化规律，初步分析了长江中游护难护底工程对底栖动物群落的生态影响。

2014 年 3 月，在工程区采集到底栖动物 18 种，隶属 3 门 7 科 17 属，在非工程区采集到 18 种，隶属 3 门 6 科 17 属。其中，水陆洲采集到种类最多，工程区 13 种，非工程区 11 种。三八滩、水陆洲、牯牛沙工程区均为 7 种，非工程区分别为 2 种、2 种、6 种。在牯牛沙抛石工程区采集到底栖动物 3 种，而在透水框架工程区采集到 7 种。

2014 年 3 月的调查结果表明，水陆洲、三八滩、金城洲和牯牛沙等河段透水框架工程区底栖动物密度分别为 1 450.0 个/m²、175.0 个/m²、125.0 个/m² 和 160.0 个/m²，各河段对应的对照区底栖动物密度分别为 140.0 个/m²、20.0 个/m²、35.0 个/m² 和 33.3 个/m²。工程区底栖动物生物量分别为 4.19 g/m²、0.10 g/m²、0.48 g/m² 和 0.17 g/m²，各河段对应的对照区底栖动物生物量分别为 2.30 g/m²、0.01 g/m²、0.02 g/m² 和 0.07 g/m²。以上结果显示，透水框架工程区底栖动物密度和生物量显著大于对照区。

透水框架工程区底栖动物密度、生物量、Margalef 丰富度指数、Shannon-Wiener 指数、Pielou 均匀度指数和改进的 Shannon-Wiener 指数均表现出高于非工程区的趋势，透水框架工程区适应这种新的淤泥底质条件的底栖动物增多，底栖动物群落生物多样性相对较高，群落结构较对照区复杂。透水框架建设后具有降低水流、减小冲刷、促进淤积等作用，在一定程度上有利于某些底栖动物的生存和发展。而抛石工程区不像透水框架工程区那样能形成相对多样的生境条件，抛石工程区底栖动物多样性和对照区差异不显著。

结合航道整治工程泥沙冲淤模拟结果，加之透水框架的防冲促淤功能，调查的 4 个透水框架区域泥沙覆盖了部分框架体，营造的小生境，适合底栖动物的生存，造成透水框架区域底栖动物多样性高于非工程区。

5.3.3.2　东流水道航道整治二期工程的老虎滩鱼骨坝工程

长江下游东流水道航道整治二期工程设计组提出了透水框架坝的新型结构形式，并成功应用。透水坝起到一定整治效果的同时，能够有效地减小坝头冲刷及越坝水流的作用、减小上游壅水的幅度及范围。通过比较老虎滩鱼骨坝建成前后的地形及鱼骨坝周围生物分布特性，评价透水框架坝的工程航道整治效果及生态效应。

根据相关研究，浮游生物生物量随着水流紊动强度的增加而呈现先增大后减小的趋势。也就是说，中等程度的水流紊动可以促进水体中浮游生物的生长，而过强的水流紊动反而会对浮游生物生长起抑制作用。因此，透水坝头背水面较为平缓的紊动强度区相对于实体坝头可能更有利于浮游生物的生长，从而导致较高的浮游生物生物量与多样性，以及较高的叶绿素 a 浓度与初级生产力。由于浮游生物特别是藻类大量繁殖时，不断从水体中吸收氮、磷等营养元素转化为细胞组成成分，水体中的总氮、总磷浓度会相应减少，因此也可能造成透水坝头背水面总氮及总磷浓度低于实体丁坝背水面，从而一定程度上改善了水质（见表 5-7）。

表 5-7　老虎岗实体丁坝与透水丁坝比较

指标		老虎岗丁坝区	实体丁坝区	透水丁坝区	比较
叶绿素 a/（mg/m³）		6.53	4.26	8.7	透水丁坝区优
初级生产力/ ［mgC/（m²·d）］		144.9	94.5	195.2	透水丁坝区优
浮游植物	种类	共鉴定 27 种，其中硅藻门种类最多，有 14 种，占总种数的 51.9%；其次为绿藻门和隐藻门，各占 3 种，各占总种数的 11.1%；其余裸藻门、甲藻门、蓝藻门、金藻门各仅有 1～2 种			分布并无明显差别
	生物量/（mg/L）		1.40	2.69	透水丁坝区优

指标		老虎岗丁坝区	实体丁坝区	透水丁坝区	比较
浮游动物	种类	共鉴定出 2 个类群，浮游动物仅 8 种，其中桡足类种类最多，有 6 种，占总种数的 75.0%；其次为轮虫，仅有 2 种，即针簇多肢轮虫和镰状臂尾轮虫，占总种数的 40.0%			透水丁坝区的多样化更高
	生物量/（mg/L）		2.49	3.24	透水丁坝区优

综上所述，对于生态固滩和生态护坡，经历了几年的演替，目前生态护坡工程区植被种类较多。在时间尺度上，汛前护坡优势种以一年生植被为主，汛后一年生植被大面积消失，坡面植被以多年生植被为主。在空间尺度上，相对枯水平台高度较高的护坡中上部植被的盖度、多样性及丰富度优于护岸下部。总体来看，生态护坡、生态固滩对植被固着、恢复以及物种多样性有积极作用。

透水框架坝减速促淤作用显著，有助于坝体自身的稳定性；透水坝头背水面较为平缓的紊动强度区相对于实体坝头可能更有利于浮游生物的生长，出现较高的浮游生物生物量与多样性，以及较高的叶绿素 a 浓度与初级生产力，透水坝头丁坝具有一定的生态效应。

5.3.4　小结

航道整治构筑物的影响主要体现在构筑物的固结化、规整化破坏河道系统与陆域物质的循环通道、物质交换，降低河道水质净化能力，对浮游生物、底栖生物以及鱼类等水生生物的不利影响，包括直接损害、适宜生境的破坏、活动空间挤压、饵料的损失，导致物种多样性下降，进而影响整个河道生态系统，对河道生态系统健康产生影响。

传统的航道整治工程主要关注工程效果及其稳定性，对于整治工程所带来的生态环境影响考虑不充分。随着人们越来越关注河流自身健康和对河流的可持续利用，传统航道整治工程措施越来越受到质疑，在国家倡导生态文明建设的大背景下，"生态航道"的理念越来越受到关注和认可，生态型构筑物也开始得到推广应用与改进，整治建筑物结构从传统型向生态友好型、兼顾生态型结构发展，优于传统构筑物的生态效应逐渐显现。航道构筑物生态效应主要体现在构筑物建设后，由于对河道形态、底质结构和水文条件等造成改变，对水生生态系统结构和功能的影响变化，尤其是对指示性生物（如珍稀水生保护生物）的影响，以及典型构筑物设计与实际应用能够发挥的生态效果。

目前，在航道整治工程中应用的生态水工建筑物，有透水框架、鱼巢砖、钢丝网格等，用于生态固滩和生态护坡等生态型整治构筑物，改善河床底质、水流流场、水文因子等，营造有利于鱼类栖息和产卵的环境，同时守护河岸坡脚，改善滩地固土、渗透、生态种植。

透水框架具有较大的孔隙率，具备鱼类和微生物生存的空间，可作为鱼类产卵和微生物生存的场所；生态型鱼巢砖内部有连续的空腔，可以为鱼类等水生生物和两栖动物提供安全的繁衍生息空间，利于它们躲避天敌，降低洪水季节快速的水流、砂石对它们的危害，起到保护生物多样性的作用；钢丝网格利于沙土的沉淀，为植被的生长奠定了基础，能起到固定土壤和植被的作用，利于植被的繁殖、扩张和生长；生态护坡种植孔可种植植被来改善生态，加固岸坡，将水、河道、岸坡植被连成一体，建立起阳光、水、植物、微生物、土体、护岸之间的生态系统；生态固滩减小近底水流流速，促进泥沙落淤，有助于河漫滩以及滩面植被的进一步发育，稳固亲水植物定植，对其生态系统正向演替有积极作用，同时局部形成产黏草性鱼卵鱼类繁殖、产卵的适宜生境，增加渔业资源和物种丰富度。

目前，在长江航道整治工程中不断大规模地实践生态型构筑物，从已有成果看来，相对传统型构筑物，生态型构筑物生态效应明显，尤其是透水框架、鱼巢砖等构筑物的应用逐渐成熟，产生了一定的正面效应，对航道整治的生态环境改善起到了积极作用。但是部分整治构筑物的应用也存在一定局限性，生态护坡、固滩等工程中水位变动对岸坡植被生长会产生较大影响，钢丝网石笼和植生型钢丝网石能够形成良好的植被恢复，但也受到不同河段流速、水位等因素影响，植被恢复效果在不同河段存在差异；生态袋有较好的固土效果，但植被恢复情况较差，实施效果还需结合实际工程进行进一步跟进，新型河工建筑物的应用与研究仍需进一步探索，在推进长江黄金水道建设的同时，更应该"共抓大保护"，把航道整治和生态环境有机地结合起来。

参考文献

[1] 交通运输部. 2021 年交通运输行业发展统计公报[Z]. 2022.

[2] 中国港口协会. 中国港口发展报告（2021—2022）[Z]. 2022.

[3] 中国港口协会. 中国港口发展报告（2020—2021）[Z]. 2021.

[4] 交通运输部水运局. 我国港口岸电建设及使用情况[Z]. 2020.

[5] 赵琼. 港口环境管理体系研究[D]. 天津：南开大学，2009.

[6] 刘长波，李明. 长江生态航道的建设实践与探索[J]. 水运工程，2021，579（2）：79-83，108.

[7] 黄力，陈沐，杨琼. 探索莱茵河航运对我国水运绿色发展的启示[J]. 中国水运（下半月），2019，19（3）：35-36.

[8] 刘儿七. 国内外内河航运发展现状和趋势[J]. 港口科技，2019，159（5）：45-48.

[9] 陈思莉，汪晓军，李立，等. Fenton 试剂处理港口化学品洗舱废水[J]. 水资源保护，2008，24（3）：62-65.

[10] 汪晓军，麦均生，钱宇章，等. 港口液体化学品废水处理工程实例[J]. 中国给水排水，2009，25（4）：67-70.

[11] 李楠，宋伦，邵泽伟，等. 港口化学品废水控制对策分析及处理技术研究[J]. 中国水运，2017，10：113-115.

[12] 丛丛，汪晓军. 臭氧-曝气生物滤池处理港口化学品洗舱废水[J]. 环境科学与技术，2009，32（10）：141-144.

[13] 陈金合，慕晶霞. 港口洗舱废水的处理方法[P]. 中国. CN107311390A. 2017-11-03.

[14] 彭士涛，贾建娜，张凯磊. 一种内电解法与生物法联合处理化学品洗舱水的方法及设备[P]. 中国. CN110921981A. 2020-03-27.

[15] 王立伟，韩冰，薛华鑫，等. 船舶船载化压载水、洗舱水和含油废水的处理系统[P]. 中国. CN207451881U. 2018-06-05.

[16] 刘晨，陈荣昌. 一种基于光触媒膨润土复合材料的化学品洗舱水处理装置[P]. 中国. CN208617421U. 2019-03-19.

[17] 刘晨，陈荣昌. 一种适用于船舶化学品洗舱水的处理装置[P]. 中国. CN208648991U. 2019-03-26.

[18] 中华人民共和国河北海事局. 压载水管理及实施[M]. 上海：上海交通大学出版社，2015.

[19] 李志文，杜萱，等. 我国港口防治海洋外来生物入侵的法律对策研究[M]. 北京：法律出版社，2015.

[20] 樊东升. 我国加入压载水公约的分析和对策研究[D]. 大连：大连海事大学，2013.

[21] 杜还. 中国海域远洋船舶压载水分布特征与防控技术研究[D]. 大连：大连海事大学，2015.

[22] 徐劲实. 我国入境船舶压舱水管理存在的问题及其对策研究[D]. 苏州：苏州大学，2016.

[23] 张小芳. 中国出入境船舶压载水排放量分析及其高级氧化应急处理技术研究[D]. 大连：大连海事大学，2018.

[24] 官滁，郑季鑫，任伊滨. 船舶压载水处理技术的应用与研究进展[J]. 环境科学与管理，2016，41（9）：65-68.

[25] 李鲁宁. 基于IMO《压载水公约》生效背景下的我国压载水履约对策研究[J]. 中国水运，2016，37（10）：17-18.

[26] 张小芳，杜还，张芝涛，等. 中国港口入境船舶压舱水输入总量估算模型[J]. 海洋环境科学，2016，35（1）：123-129.

[27] 河北海事局. 应对压载水管理公约生效　提升我国水域生态环境保护水平[J]. 中国海事，2018，158（9）：18-20.

[28] 刘亮，吴惠仙，袁林，等. 基于国际公约要求的压载水生物检测技术[J]. 上海海洋大学学报，2018，27（3）：460-466.

[29] 王腾，李浩，刘翔，等. 《国际船舶压载水及沉积物控制和管理公约》生效带来的影响及检验检疫应对措施研究[J]. 检验检疫学刊，2018，28（1）：17-20，46.

[30] 吴惠仙，边佳胤，王飞飞，等. 中国大陆到港船舶压载水生物研究[J]. 上海海洋大学学报，2018，27（3）：455-459.

[31] 杨逸凡，薛俊增，刘亮，等. "21世纪海上丝绸之路"航线船舶压载水浮游植物群落特

征[J]. 上海海洋大学学报，2018，27（3）：336-343.

[32] 张波，张乐. 船舶压载水港口接收处理设施应用研究[J]. 上海海洋大学学报，2018，27（3）：402-406.

[33] 陈挺，钱仕杰，张乐，等. 上海港洋山深水港区船舶压载水应急处理方案[J]. 集装箱化，2020，31（12）：5-8.

[34] 洪艺超，林扬权，黄晓东，等. 浅谈福建地区港口压载水处理现状[J]. 珠江水运，2020，497（1）：63-65.

[35] 曾超. 压载水接收设施的现在和未来——压载水公约下压载水接收设施立法问题及实施建议[J]. 世界海运，2020，43（2）：40-43.

[36] 张家真，高春蕾，李艳，等. 江阴港口外来船舶压载舱沉积物中甲藻包囊种类及组成[J]. 生物多样性，2020，28（2）：144-154.

[37] 张拿慧，朱荧，王炜，等. 船舶压载水处理产生化学副产物安全阈值研究[J]. 环境科学与技术，2020，43（2）：220-226.

[38] 刘丽红，盛伟群，王慧芳. 船舶压载水领域标准现状及发展分析[J]. 船舶标准化工程师，2021，54（2）：5-10.

[39] 王志攀，陈道军，丁炜，等. 防治船舶压载水污染监管[J]. 中国海事，2021，187（2）：51-53.

[40] 周成成，李明. 兼顾生态固滩与疏浚弃土生态化利用的生态航道建设技术[J]. 水运工程，2020，572（8）：141-145.

[41] 李明. 河流心滩守护中的生态固滩方法研究——以长江倒口窑心滩植入型生态固滩工程为例[J]. 中国农村水利水电，2018，429（7）：78-83.

图 3-1　进港火车翻车卸料

图 3-2　进港火车螺旋卸料

图 3-3　抓斗卸船至皮带机

图 3-4　抓斗卸船至前沿堆场

图 3-5　皮带机转向点及转接塔楼

图 3-6　堆场内堆取料皮带及场外转接塔皮带

图 3-7　堆料机堆料

图 3-8　散货堆场

图 3-9　取料机取料

图 3-10　装载机取料

图 3-11　海港大型装船机

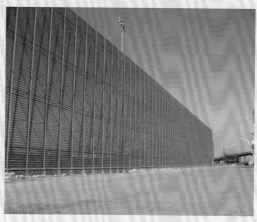

图 3-12　散货码头堆场防风抑尘网

图 3-13　散货码头堆场全封闭设施

图 3-14　散货堆场苫盖抑尘

图 3-15　散货码头堆场喷枪喷淋

图 3-16　堆场射雾器喷淋

图 3-17　翻车作业干雾抑尘

图 3-18　翻车机房布袋除尘器

图 3-19　翻车机房静电除尘器

图 3-20　链斗式连续卸船机

图 3-21　管带机技术

图 3-22　皮带机防尘罩

图 3-23　固定式与伸缩式装船机溜筒

图 3-24　黄骅港煤三期筒仓及配套卸料小车

图 3-25　宁波港镇海港区封闭式皮带机廊道与转运点喷雾抑尘

图 3-26　宁波港镇海港区门机卸料喷雾系统

图 3-27　宁波港镇海港区场内喷雾洗车装置

图 3-28　苏州港太仓港区斗轮机喷淋除尘和装船机料斗干雾除尘

图 3-29　湛江港霞山港区堆场喷淋与防风网顶部喷淋系统

图 3-30　湛江港霞山港区远程射雾炮与干雾除尘系统

图 3-31　湛江港霞山港区喷雾塔与洒水车

图 3-32　湛江港霞山港区防尘绿化林带

图 3-33　防城港港渔澫港区矿石堆场防风抑尘网

图 3-34　防城港港渔澫港区矿石堆场苫盖与围挡

图 3-35　海口港马三港区散货码头堆场防风网

图 3-36　海口港马三港区散货码头卸船——装车漏斗

图 3-37　江西煤炭储备中心堆场防风网

图 3-38　江西煤炭储备中心配煤筒仓及布袋除尘器

图 3-39　江西煤炭储备中心结壳剂自动喷洒装置

图 3-40　部分老旧码头粉尘污染现状

图 3-42　透水框架

图 3-43　鱼巢砖

图 3-44　钢丝网格现场布置

图 3-45　植生型钢丝网格现场布置

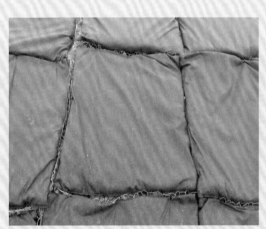

图 3-46　生态袋钢丝网格现场布置

图 3-47　生态护坡砖现场布置

2015 年 5 月

2015 年 11 月

图 3-48　荆江河段整治生态固滩工程

图 3-49　鳊鱼滩生态固滩工程

图 4-1　宁波-舟山港绿色港口建设实践

（左上：油气回收装置；右上：岸电；左下：压载水处理设施；右下：事故应急池）

图 4-2　日照港焦炭"散改集"配套建设的条形仓

图 4-3　国投曹妃甸港口有限公司续建工程封闭大棚

图 4-4　唐山港京唐港区采用的气膜结构条形仓

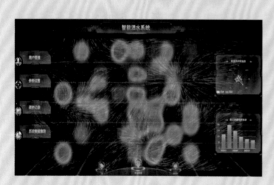

图 4-5　大连港大窑湾港区堆场智能喷淋系统